一片叶子·一叶情

一个杯子·一辈子

数据解码

普洱茶功效

主编 邵宛芳

YNK 云南科技出版社

·昆明·

图书在版编目（CIP）数据

数据解码普洱茶功效 / 邵宛芳主编. -- 昆明：云
南科技出版社，2018.11（2025.3重印）
ISBN 978-7-5587-1814-4

Ⅰ．①数… Ⅱ．①邵… Ⅲ．①普洱茶－基本知识
Ⅳ．①TS272.5

中国版本图书馆CIP数据核字（2018）第253179号

数据解码普洱茶功效
邵宛芳 主编

出 版 人：温 翔
责任编辑：吴 涯 杨志芳 龙 飞
整体设计：勐乐山 廖小安
责任校对：张舒园
责任印制：蒋丽芬

书 号：ISBN 978-7-5587-1814-4
印 刷：云南金伦云印实业股份有限公司
开 本：787mm x 1092mm 1/16
印 张：13.5
字 数：300千字
版 次：2018年11月第1版
印 次：2025年3月第9次印刷
印 数：32001～33500册
定 价：79.80元

出版发行：云南科技出版社
地 址：昆明市环城西路609号
电 话：0871-64190978

编委名单

主　编：邵宛芳

副主编：肖　蓉　侯　艳

编　委：（按姓氏笔画顺序排列）

马治中	马　旭	王　鹏	王子浩	王颖娟	王腾飞
王　蕊	王玲华	尤泽昆	方　翔	白　露	甘　泉
田　洋	卢　薇	江新凤	刘家奇	李　智	李红霞
李　蕾	张　慧	张　可	张　路	张　梁	张冬英
张智芳	余　冬	宋泽尚	杨继红	杨　慧	杨兰兰
杨　莉	罗绍忠	屈用函	周　婷	罗　瑜	姜　勇
赵丽萍	赵宝权	贺远勇	段红星	秦廷发	郭韦韦
陶　忠	徐湘婷	袁力丰	堵源康	龚　江	龚　娜
康燕山	黄业伟	黄昭宏	屠鹏飞	曾　涛	谢桂华
穆颖超					

邵宛芳

主编

二级教授

享受云南省人民政府特殊津贴专家

云南农业大学普洱茶学院及普洱茶研究院原院长

滇西应用技术大学普洱茶学院名誉院长

云南省高等学校教学名师 | 全国优秀茶叶科技工作者

国家"十一五"及"十二五"茶叶产业技术体系岗位科学家

云南省第十届政协委员 | 云南省"三·八"红旗手

云南省教育厅颁授成立"邵宛芳名师工作室"

曾荣获联合国计划开发署"ＵＮＤＰ项目优秀科技特派员"奖；第四届中国茶叶学会科学技术一等奖；云南省教学成果一等奖；2016年云南省自然科学三等奖

认识作者

1982年1月于云南农业大学茶学专业本科毕业后即留校任教，1988年7月于云南农业大学研究生毕业；1993～1994年作为访问学者在英国SURRSY大学研修一年。

在长期的教学、科研及管理工作中，从诸多方面为茶产业的发展做了大量的工作。在教学工作中，其中承担过"茶叶生物化学""茶叶审评与检验""茶文化学""茶叶加工学""高级茶叶生物化学"及"茶叶品质鉴评"等茶学专业本科生和硕士研究生基础课、专业课及全校公共选修课程的教学工作。

曾主持过国家科技支撑课题，农业部，云南省政府、省科技厅、省农业厅、省林业厅、省教育厅等科研项目12项，研究涉及茶（普洱茶）的发展历史、种质资源、加工工艺、生化成分、品质特性、保健功效及安全性评价研究等诸多领域，并获得了一些突破性的研究成果，如首次利用RAPD技术对云南千家寨2700年古茶树及邦崴古茶树进行研究，从DNA分子水平方面为云南作为茶树的起源中心提供了有利证据；早在1994年留学英国期间，就利用HPLC等现代技术对不同年代的普洱茶进行了系统的研究，该研究成果于1995年公布于国际权威杂志"Journal of Science of Food and Agriculture"。关于普洱茶保健功效的研究结果也发表于美国"Experimental Gerontology"等刊物，对让世界了解普洱茶起到了积极作用。负责了99'昆明世博会专题园"茶园"中茶文化馆的建设。

主编专著《普洱茶成分及功效探究》《普洱茶保健功效科学读本》《普洱茶文化学》等多部书籍，获得国家授权发明专利3项。由于在所属专业取得的成效显著，曾应邀赴美国、韩国、日本、印度、斯里兰卡、俄罗斯、阿联酋及泰国等国进行讲座及学术交流。

目录

云 南

世界茶树的起源中心之一
普洱茶的故乡

前言

云南是世界茶树的起源中心之一，也是普洱茶的故乡。普洱茶历史悠久、工艺独特，长期以来以品质优异、风味独特、功效显著而蜚声中外。近年来，普洱茶在国内外市场的消费量不断扩大，原因之一就在于其具有独特的保健功效。关于普洱茶的保健功效，历史上赵学敏《本草纲目拾遗》、阮福《普洱茶记》及张泓《滇南新语》等书籍都有诸多记载。然而，由于受历史条件及科研水平限制，历史典籍中对普洱茶诸多功效，只能是一个表象的记载，不可能从科学实证的角度揭示其保健功效及原因所在。

近年来，随着社会的发展，科技的进步，关于普洱茶的独特功效，需要用数据来进行解读，这也是普洱茶发展到今天的必然。为了使更多的读者能够认知普洱茶独特的保健功效，在国家"十一五"科技支撑计划、国家现代农业产业技术体系建设、云南省科技厅、云南省生物资源创新办的大力支持下，云南农业大学联合北京大学医学部、昆明医科大学等单位的研究人员组成研究团队，历经数年，围绕普洱茶独特的保健功效及消费者关心的问题，开展了一系列的动物试验研究，并根据科学试验结果，于2014年出版了专著《普洱茶保健功效科学读本》。该书自2014年6月发行以来，连续5次印刷共计27000册，读者遍及全国31个省、市、自治区，有关内容还被学界、茶企、茶商大量引用和转载至相关书籍、刊物、网站、微信等渠道进行传播，并受到了广泛好评。茶学界普遍认为该著作为普洱茶养生学提供新的科学依据和理论支撑，助推了普洱茶的消费与产业的发展。

然而近几年来，也不时会听到读者反馈，在数据与成果非常丰富、充实的情况下，原版图书却在通俗性、可读性上没有完美体现，如果能在这些方面加以改进，将会极大地提高图书的普及率，带动更多的人认识、接近、爱上普洱茶，让普洱茶造福更多人。因此，编者也一直想进行改版，只是苦于没有找到合适的渠道进而实施改进方案。很幸运的是，在勐乐山茶业董事长尤泽昆看到2014年出版的专著后，主动提出他所领导的团队可以协助完成此事。接下来的工作接洽，也证明这确实是一支优秀敬业的团队。

在大家的共同努力下，我们再次对十余年的研究结果进行了梳理。数据是最直观、最客观、最有力的明证，故本次修改重点采用数据来解码普洱茶的独特功效。并重新规划了展示风格及表达形式，力求深入浅出、清晰明了。全书共分十三章，内容虽然仍是介绍普洱茶在降血脂、抗动脉粥样硬化、降血糖、减肥、防治脂肪肝、抗氧化、防辐射、耐缺氧、抗疲劳、抗衰老、抗氧化应激、抑制胆固醇的吸收与合成及对机体钙代谢等方面的研究成果，但在形式上更加通俗易懂、图文并茂、丰富多彩。

此项研究历时十余年，现在还在不断深化。书中附录部分，加入了作者学茶、研茶及品鉴故宫贡茶的感悟，让研究中鲜活的人物和事件客观地重现，希望读者从中既可领略到普洱茶的独特魅力，又可切实体会到取得研究成果过程的种种艰辛与不易。

希望此书能对广大普洱茶爱好者及消费者有所帮助，进而带动普洱茶消费及促进普洱茶产业健康发展。让普洱茶及其独特的保健功效，造福更多人。

在本书编写过程中，除各研究团队负责人及参与者外，勐乐山公司成员和云南科技出版社编辑人员也倾注了大量的心血，在此，一并表示谢忱。

由于试验条件限制，以及一些不可避免的客观因素的存在，书中部分内容难免存在不足，不妥之处，敬请批评指正。

饮茶是我国饮食养生之道中的重要组成部分。茶的营养成分、药理特性、养生价值等日益为人们所关注。相传，神农时期我们的祖先就发现了茶具有解毒治病的作用，之后随着茶叶采制技术的发展，茶的这种作用更进一步为人们所认识。近年来，茶叶作为世界性的饮料，一直被认为是多功能的价廉物美的保健饮品，日益受到人们的欢迎，不论是发达国家，还是发展中国家，茶叶消费量都在不断增加，这与茶叶本身所含有的特殊成分及保健功效有关。据科学家的研究证明，茶叶中含有茶多酚、茶色素、蛋白质、维生素、脂肪、糖类、矿物质等成分，对人体能起一定的保健和治疗作用。

翻开茶叶史料，民间关于普洱茶独特功效的记载，不仅印证了当时人们对普洱茶的推崇，也为后人进一步探寻科学依据提供了宝贵的借鉴基础，关于普洱茶的独特功效，以下历史记载及流传的用法梳理即可略见一斑。

一、历史记载普洱茶之功效

1. 清·方以智《物理小识》云："普洱茶蒸之成团，西蕃市之，最能化物。"

2. 清·张泓《滇南新语》云："滇茶，味近苦，性又极寒，可祛热疾。"

3. 清·赵学敏《本草纲目拾遗》云："普洱茶膏，黑如漆，醒酒第一，绿色更佳；消食化痰，清胃生津。普洱茶，蒸之成团，西蕃市之，最能化物。普洱茶味苦性刻，解油腻牛羊毒，苦涩，逐痰下气，利肠通泄。"在其卷六《末部》中又云："普洱茶膏能治百病。如肚胀，受寒，用姜汤发散，出汗即可愈。口破喉颡，受热疼痛，用五分嚼口过夜即愈。"

4. 清·王昶《滇行目录》云："普洱茶味沉刻，可疗疾。"

5. 清·吴大勋《滇南闻见录》云："团茶，能消食理气，去积滞，散风寒，最为有益之物。"

6. 清·阮福《普洱茶记》云："消食散寒解毒。"

7. 清·宋士雄《随息居饮食谱》云："茶微苦微甘而凉，清心神醒睡，除烦，凉肝胆，涤热消痰，肃肺胃，明目解渴。普洱产者，味重力竣，善吐风痰，消肉食，凡暑秽痧气腹痛、霍乱痢疾等症初起，饮之辄愈。"

8. 《思茅采访》云："帮助消化，驱散寒冷，有解毒作用。"

9. 《百草镜》云："闷者有三：一风闭；二食闭；三火闭。唯风闭最险。凡不拘何闭，用茄梗伏月采，风干，房中焚之，内用普洱茶三钱煎服，少顷尽出。费容斋子患此，已黑暗不治，得此方试效。"

以上是历史上对普洱茶功效的著述，从消食弃毒、理气去胀、清热化痰、利肠通泄、祛风醒酒、除烦清心等方面综合全面地阐述了普洱茶的药效功能。

二、民间流传普洱茶之用法

普洱茶有着悠久的历史，最早可追溯到东汉时期。因民间有"武侯遗种"的说法，所以普洱茶的种植，最迟在三国时期就已成气候。自古以来，思普区流传着诸葛亮南征，以茶治瘟疫、治哑症、治眼病的传说。虽然南征传说故事地点不确，但诸葛亮以茶治病的轶事，亦反映出了古代滇川军旅和民间以茶治病，以茶疗伤运用甚广的事实。

普洱茶是藏族地区藏胞的日常生活必需品，当地就流行"宁可三日无粮，不可一日无茶"的说法，民间主要是以制作酥油茶的方式利用普洱茶，其具体制法是：用鲜乳提炼而成的奶油即酥油三两，普洱砖茶适量，精盐适量，牛奶一杯。先把酥油二两，盐约五钱和牛奶一杯倒入干净的茶桶内，再倒入约二千克熬好的茶水，然后用细木棍上下抽打五分钟，放进一两酥油，再抽打两分钟，打好后，倒进茶壶内加热一分钟左右即可。倒茶饮用时

轻轻摇匀，使水、乳、茶、油交融，有提神、滋补之功。

病后体弱者，常饮酥油茶，可增加食欲、增强体质、加快康复；老人常饮，可增加活力；产妇多饮，可增乳汁、补身体，此药方已载入《茶的保健功能与药用便方》一书。

普洱茶在民间作为药茶的方剂，一般有三种类型：一是汤剂，即将按茶方组成的药物，以沸水冲泡或加水煎制，取汁饮服。二是丸剂，即将按茶方组成的药物，研成细末，用炼蜜、麦粉或茶叶等调和而制成丸状，用以吞服。三是散剂，即将按茶方组成的药物，研成细末，或内服或外用，内服多用白开水或茶水送服；外用多以药油或其他药液调敷，组成汤、丸、散的药茶，可以是单方，也可以是复方，复方型药茶，作用较全面，应用也较多。

民间流传，普洱茶中的贡茶为名茶，治疗偏头风、伤风感冒、高血压，其效甚佳。普洱茶浓煎，用以洗擦伤处，能杀菌生肌，而治泻痢、疟疾、霍乱、咳喘，民间一般都用绿茶疗治。药茶服用方法有冲服、煎服、和服、噙服、调服（有两种：分服、顿服）及外敷。产普洱茶的思普区民众，患恶性肿瘤的较少，除这里的土壤气候因素外，与出产特殊茶叶品种，以及广大人群长期饮用这种特殊的茶叶等因素有关。这里的居民祖祖辈辈长年饮用这种茶，吸收了茶叶的化学成分进入体内，茶叶中各种养料滋养了这里的人民，有效地预防和控制了癌症的发生频率。专家调查证明，普洱、临沧及西双版纳的恶性肿瘤死亡率较全国、全省低，这与当地人们长期饮用普洱茶可能也存在一定关系。

茶圣陆羽在《茶经》中说："茶之为用，味至寒，为饮，最宜精行俭德之人，若热渴凝闷、脑痛、目涩、四肢烦、百节不舒，聊四五啜，与醍醐、甘露抗衡也。"

近年根据历代医家的论述，用民间中医学的观点，已将茶的药效功能归纳为：提神醒脑，安神除烦；上清头目，明目清火，下气消食，醒目解腻；止渴生津，通便利尿；清热解毒，消暑止痢；祛风解表，去痰止咳；疗瘘疮，益气力，坚牙齿。在二十四功效中，属攻者如清热、清暑、解毒、消食、去肥腻、利水、通便、祛痰、祛风解表等；属补者如止咳生津、益气力、延年益寿等，普洱茶在众多茶类中最能体现其补的作用。又由于普洱茶经历了生茶到熟茶的转变过程，其生茶具有祛风解表、清头目等功效，而熟茶又有下气、利水、通便等沉降功效，故普洱茶一直被誉为一种攻补兼备的良药。当然，普洱茶之所以可以产生一些独特的保健功效，究其原因，与其独特的加工方法及内含成分有密切联系。

三、科学研究普洱茶之成分

　　普洱茶是以符合普洱茶产地环境条件的云南大叶种茶树鲜叶为原料,经过特殊加工工艺而成的产品,尤其在后发酵过程中微生物代谢产生的热及茶叶的湿热作用使其内含物质发生氧化、聚合、缩合、分解、降解等一系列反应,从而形成普洱茶独特的品质风味,并具有特殊的保健功能。现代科学研究表明,普洱茶的这些保健功效是与茶叶内所含的化学成分密切相关的。这些成分在对人体的保健作用上,有的是单一成分作用的结果,而更多的是多种成分协同、综合作用的结果。

普洱茶中含有丰富的营养成分和药效成分。据周昕编的《药茶》一书记载，大体可分为三类：第一类是人类生命新陈代谢所必需的三种物质——蛋白质、碳水化合物、脂类。茶叶中的蛋白质由氨基酸组成，嫩茶叶中氨基酸的含量可达2%~5%，有20多种，多数是人体所必需的，其中茶氨酸含量较高，是茶叶的特殊氨基酸，其他还有赖氨酸、精氨酸、组氨酸、胱氨酸等。上述几种氨基酸，有利于促进人的生长和智力发展，对预防人体早衰和老年骨质疏松症以及贫血等都有积极作用。茶叶中的碳水化合物含量约为30%，能冲泡出来的大约5%左右。脂类在茶叶的含量为2%~3%，其中有磷脂、硫脂、糖脂和甘油三酯。茶叶中的脂肪酸，主要是亚油酸和亚麻酸，都是人体所必需的，是脑磷脂和卵磷脂的重要组成部分。

第二类是维生素和酶。普洱茶中含有维生素P、B_1、B_2、C、E等，这些维生素，用开水浸泡10分钟后，平均80%可以浸出，所以普洱茶是人体维生素的很好来源，尤其维生素B_2和维生素C最为重要，缺乏维生素B_2会引起代谢紊乱和口舌病，在茶叶中维生素B_2的含量为100克中含有1.2毫克。维生素C又称抗坏血酸，具有多方面的生理功能，防治动脉硬化、抗感冒、抗出血、抗癌等作用最为显著，已引起普遍重视。茶中的维生素C含量高，而且都溶于水，能被充分利用。茶叶中的酶，按它们在机体中的生理效应来说，有相似之处，而且有些维生素就是酶的组成部分。

第三类是矿物质。茶叶中含有4%~7%的无机盐多数能溶于水而被人体吸收，其中，以钾盐、磷盐最多；其次是钙、镁、铁、锰、铝等；再次是微量的铜、锌、钠、镍、铍、硼、硫、氟等。医学专家指出：无机盐可维持人体液（渗透压）平衡，对改善机体内部循环有重要意义，又是人体"硬组织"（如骨骼、牙齿）的原料，与骨、牙等的生理关系十分密切。钾为细胞内液的重要成分，普洱茶中的钾易泡出；普洱茶中氟化物对防龋齿有重要作用；锰可防止生殖机能紊乱和惊厥抽搐；锌可以促进儿童生长发育，防止心肌梗死与暴卒，并有抗癌作用；铜、铁对造血功能有帮助。西南大学研究认为，普洱茶在后发酵过程中，黄酮类物质中以黄酮苷形式存在者最多，而黄酮苷具有维生素P的作用。

云南医学专家梁明达教授研究，经测定普洱茶含有多种丰富的维生素，如β-胡萝卜素、维生素B_1、B_2、C、E等，用电子检测法观察，普洱茶共有30多种化学元素，发现含有多种极为重要的抗癌微量元素。吴少雄等在对普洱茶营养成分分析及营养学评价中表明，普洱茶含有丰富的营养素，经常饮用，可以补充人体所需的维生素、矿物质及微量元素等。普洱茶中膳食纤维含量高，具有良好的保健功能。

普洱茶除了含有丰富的人体所需的营养成分外，还具有一些特殊的功能成分，如茶多酚、茶色素、茶多糖、咖啡碱等，对人体的保健及维护身体健康起着非常重要的作用。

四、科学研究普洱茶之功效

今天，随着人们生活水平的提高，自我保健意识的增强，人们也更加关注日常饮品的独特功效。为了使普洱茶这一人们喜爱的传统饮品进一步扩大消费，为更多人的健康保驾护航，近年来，在国家科技支撑计划课题、国家现代农业产业技术体系建设、云南省科技厅、云南省生物资源创新办的大力支持下，云南农业大学联合北京大学医学部、安徽农业大学、昆明医科大学及昆明植物所组成的研究团队，围绕着普洱茶功能成分及保健功效开展了一系列研究工作，为了使研究结果具有科学性、代表性、客观性，本研究从样品的选取、对照物的确定、研究方法及技术路线都严格按照相关的规程及要求进行，具体包括：

1. 供试茶样的选取

为了保证试验结果的可靠性及代表性，本课题组采用多点采样法，采集了云南省西双版纳州、普洱市、临沧市三个主要普洱茶产区所生产的具有代表性、质量稳定的普洱茶样（表1），并按GB/T 22111—2008《地理标志产品 普洱茶》中所规定的相关方法进行感官审评及内含成分的测定，结果表明所选茶样品质特征符合相关产品要求。

表1　供试茶样来源一览表

茶样名称	生产厂家	生产地点	生产时间
普洱生茶	中国普洱茶研究院	普洱	2007年
	云南省农业科学院茶叶研究所	西双版纳	2007年
	云南云县天龙生态茶业有限责任公司	临沧	2007年
普洱熟茶	中国普洱茶研究院	普洱	2007年
	云南省农业科学院茶叶研究所	西双版纳	2007年
	云南云县天龙生态茶业有限责任公司	临沧	2007年

表2 供试茶样感官审评结果一览表

茶 样	外 形			内 质			
	形状	匀整	松紧	香气	滋味	汤色	叶底
临沧生茶	端正	匀称	适度	纯正	浓厚	明亮	匀整
普洱生茶	端正	匀称	适度	纯正	浓厚	明亮	匀整
西双版纳生茶	端正	匀称	适度	纯正	浓厚	明亮	匀整
临沧熟茶	端正	匀称	适度	陈香纯正	醇和回甘	褐红	红褐匀整
普洱熟茶	端正	匀称	适度	陈香纯正	醇和回甘	褐红	红褐匀整
西双版纳熟茶	端正	匀称	适度	陈香纯正	醇和回甘	褐红	红褐匀整
普洱茶生茶混合样	——	——	——	纯正	浓厚	明亮	匀整
普洱茶熟茶混合样	——	——	——	陈香纯正	醇和回甘	褐红	红褐匀整

由表2可见，所选普洱生茶外形匀称端正，压制松紧适度，不起层脱面；内质香气纯正，滋味浓厚，汤色明亮，叶底匀整。普洱熟茶其外形整齐、端正、匀称，各部分厚薄均匀、松紧适度、不起层掉面。内质香气纯正、滋味浓厚、汤色明亮、叶底匀整，具备普洱茶应有的品质特征。

在感官审评结果符合要求的基础上，将三个地方的茶样按1:1:1等量混合，进行主要成分分析，结果见表3。

表3 供试普洱茶主要成分含量一览表（干重%）

成分	普洱生茶	普洱熟茶
水分	8.73 ± 0.12	10.25 ± 0.10
总灰分	5.27 ± 0.12	6.45 ± 0.40
水浸出物	35.25 ± 0.24	40.0 ± 0.31
茶多糖	0.35 ± 0.02	2.40 ± 0.14
茶黄素	0.102 ± 0.008	0.09 ± 0.003
茶红素	4.96 ± 0.67	1.22 ± 0.25
茶褐素	2.20 ± 0.12	11.65 ± 0.44
茶多酚	36.14 ± 0.04	8.75 ± 0.01
氨基酸	2.89 ± 0.03	2.11 ± 0.05
咖啡碱	4.08 ± 0.21	2.39 ± 0.17
黄酮类	11.68 ± 0.81	12.25 ± 0.28

由表3可见，供试普洱生茶水分含量8.73%<13%，总灰分5.27%<7.5%，水浸出物质45.25%>35.0%；普洱熟茶水分含量10.25%<14.0%，总灰分6.45%<8.5%，水浸出物质40.0%>28.0%，均在国家相关标准规定的范围内，说明供试茶样品质合格，并具有一定的代表性，可用于试验研究。

茶区调研

感官评审   理化检验

筛选出符合计验标准的茶样

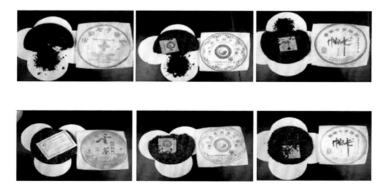

图1　茶样筛选过程

2. 供试茶汤的制备

在开展普洱茶功效研究过程中，所有研究项目供试茶汤的制备统一按图2所示方法而得。

普洱茶

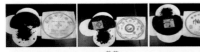

磨碎过筛

茶粉

三种生茶茶粉和三种熟茶茶粉分别按 1：1：1等量混合，制成普洱生茶混合样及普洱熟茶混合样

沸水浸提趁热过滤

浓缩液

减压浓缩（60 ℃）

滤液

装瓶灭菌（120 ℃ 20min）

低温冷藏（4~8 ℃）

茶汤

图2 茶汤制备方法

该成果研究了

普洱茶特征成分的化学

组成分子结构及光谱学特性

为普洱茶养生学提供

新的科学依据和理论支撑

......

普洱茶
的独特性

生产历史悠久
产区生态独特
加工原料独特
加工工艺独特
包装材料独特
产品形状独特

生产历史悠久

　　古代文献中对于茶的记述最早是东晋的《华阳国志·巴志》，书中载：公元前1066年，周武王伐纣，得到西南濮国等8个小国的支持，他们献给武王的供品是丹漆、茶、蜜，濮人是普洱府最早原住民，是佤族、布朗族的祖先，由此看来，普洱府产茶的历史可追溯到3000多年前。

产区生态独特

普洱茶的主产区分布在北纬25°以南的普洱市、西双版纳州和临沧市等地，这些地区属于南亚热带湿润气候和北热带气候类型，日照充足，年平均温度17~22℃，年平均降雨量在1200~1800毫米，境内高山河流分布广阔，土壤以砖红壤与赤红壤为主、有机质含量高，为茶叶种植创造了得天独厚的自然条件。

加工原料独特

加工普洱茶的鲜叶原料为普洱茶变种（*Camellia assamica*），即云南大叶种茶树鲜叶。其所含的茶多酚、儿茶素、咖啡碱、茶氨酸和水浸出物含量都高于一般的中小叶种茶树。这对形成普洱茶汤色红浓明亮，滋味甘、滑、醇厚及独特香气——陈香的品质特征极为关键。

加工工艺独特

　　普洱茶是在特定的地理、气候和运输过程中形成的历史产物。历史上的普洱茶，其实是以云南大叶种茶的鲜叶经过杀青、揉捻、晒干而成的"晒青茶"，俗称"青毛茶"。晒青毛茶采用日晒干燥，这种传统制作方法赋予了云南大叶种晒青毛茶广阔的发展空间。

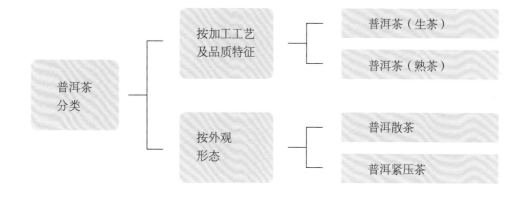

普洱茶（生茶）特征

　　外形色泽墨绿，香气清纯持久，滋味浓厚回甘，汤色绿黄清亮，叶底肥厚黄绿。

普洱茶（熟茶）特征

　　外形色泽红褐，内质汤色红浓明亮，香气独特陈香，滋味醇厚回甘，叶底红褐。

包装材料独特

云南普洱茶紧压茶包装大多用传统包装，分为内包装和外包装，内包装用棉纸，外包装用笋叶、竹篮，捆扎用麻绳、篾丝。这种包装的形成是由于普洱茶原产地——西双版纳及普洱、临沧等地区笋叶丰富，且廉价，故发展到今天也仍然使用这种原生态传统包装；从普洱茶品质形成的角度来说，这种包装材料通风透气，有利于成品普洱茶在储藏过程中进行"后发酵"，提高普洱茶的品质。

产品形状独特

清代雍正年间以来，宫廷将普洱茶列为贡茶，视为朝廷进贡珍品。清乾隆六十年（1795），定普洱府上贡茶4种：团茶（分5斤、3斤、1斤、4两、1.5两，其中"斤"为"市斤"，全书同）、芽茶、茶膏和茶饼。其后，清政府又规定，贡茶由思茅厅置办。清《普洱府志》卷十九有载，每年贡茶为四种：团茶（五斤重团茶、三斤重团茶、一斤重团茶、四两重团茶、一两五钱重团茶）、瓶装芽茶、蕊茶、匣装茶膏共八色。

发展到今天，普洱茶形状各异，各有特色。除散茶外，还有经过蒸压而成的各种形状的紧压茶，普洱紧压茶由云南大叶种晒青茶或普洱散茶经高温蒸压塑形而成，外形端正，松紧适度，规格一致，有呈燕窝形的普洱沱茶、长方形的普洱砖茶、正方形的普洱方茶、圆饼形的七子饼茶、心脏形的紧茶和各种其他特异造型的普洱紧压茶，如金瓜贡茶、巨型饼茶和柱茶等，可谓琳琅满目。

> 茶乃养身之仙药
> 延龄之妙术
> 山若生之，其地则灵
> 人若饮之，其寿则长

——（日）荣西禅师

第一章

普洱茶
降血脂功效

导读 /

普洱茶可降低高脂血症大鼠血清总胆固醇、甘油三酯、坏胆固醇低密度脂蛋白胆固醇的含量；

普洱茶可增加高脂血症大鼠血清好胆固醇高密度脂蛋白胆固醇的含量；

普洱茶具有保护高脂血症大鼠血管内皮组织结构的作用。

第一章
普洱茶降血脂功效

什么是高脂血症

高脂血症的现代概念为血脂异常，它包括血清或血浆中血清总胆固醇（TC）、甘油三酯（TG）和低密度脂蛋白胆固醇（LDL-C）水平过高，高密度脂蛋白胆固醇（HDL-C）水平过低等脂质异常。正常情况下，血清中的胆固醇、甘油三酯、高密度脂蛋白等处于动态平衡状态，任何一项血脂浓度持续升高，必然破坏平衡，扰乱身体的脂肪代谢。所以，高胆固醇症、高浓度的低密度脂蛋白，同时存在高甘油三酯血症时，其对心血管的危害是成倍增加的。

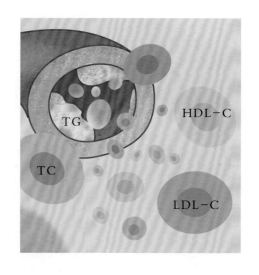

高脂血症产生的主要原因

随着社会经济的发展，人民生活水平不断提高，饮食结构明显改变，社会压力增加，生活节奏加快，而劳动强度普遍降低，又缺乏运动，促使肥胖病、脂肪肝、高脂血症在发达国家、发展中国家及地区中发病率明显上升，这一上升趋势在我国也表现得越来越突出。

高脂血症可以分成原发性与继发性两类，即原发性高脂血症和继发性高脂血症。原发性高脂血症是指脂质和脂蛋白代谢先天性缺陷（家族性）以及某些环境因素所引起的，环境因素包括饮食因素等。继发性高脂血症系指由于其他原发疾病所引起者，这些疾病包括：糖尿病、肝病、甲状腺疾病、肾脏疾病、胰腺疾病、肥胖症、糖原累积病、痛风、阿狄森病、柯兴综合征、异常球蛋白血症等。继发性高脂蛋白血症在临床上相当多见，如不详细检查，则其原发疾病常可被忽略，治标而未治其本，不能从根本上解决问题，于治疗不利。

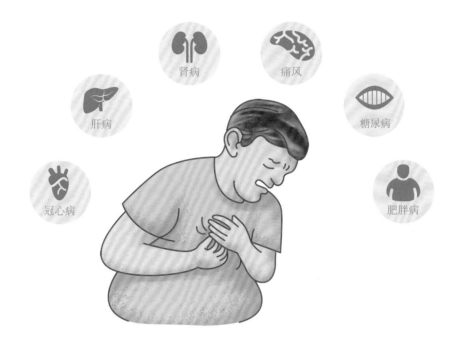

高脂血症的主要危害

高脂血症会引起人体脂质代谢异常、冠心病、心梗、脑卒中。

据流行病学研究，我国每年因心脑血管疾病造成死亡的人数约260万，居各类死亡原因之首。

过高的甘油三酯容易诱发急性胰腺炎，而急性胰腺炎则是大家熟知的危急重症之一。另外，血脂过高会导致脂肪肝。

然而，血液中胆固醇并不是越低越好。胆固醇是合成胆汁酸、肾上腺素、性激素和维生素D的原料，如果胆固醇浓度太低，合成这些活性物质的原料不足。胆固醇也是构成细胞膜的重要成分，血液胆固醇浓度太低，细胞膜的流动性差，脆性大，很容易受到伤害。胆固醇过低的人，还容易发生脑溢血。因此，血脂水平应维持在正常水平。

普洱茶的降血脂功效

　　研究已证明，正确地调整血脂水平能有效地降低心脑血管疾病的发病率和死亡率。临床上绝大多数降低血胆固醇水平的方法主要为严格控制饮食并依赖于药物，而降血脂药物的副作用使其应用受到了一定程度的限制。作为我国传统饮品的茶叶不仅天然，大量研究表明，茶叶有明显的降脂、降糖、降压、改善心血管疾病等多种功效，对于云南的传统特色优势产品普洱茶而言，效果是否类似尚不清楚，故设置本研究内容，旨在为普洱茶作为降血脂保健食品或原料的可行性研究提供科学依据。

研究路线：

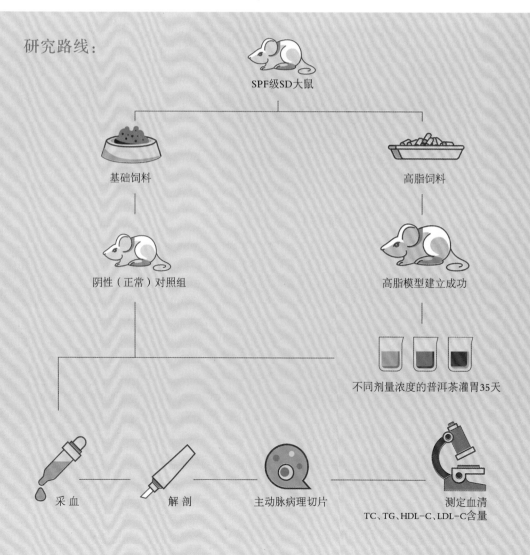

SPF级SD大鼠

基础饲料　　　　　　　　　　　　高脂饲料

阴性（正常）对照组　　　　　　　　高脂模型建立成功

不同剂量浓度的普洱茶灌胃35天

采血　　　解剖　　　主动脉病理切片　　　测定血清
TC、TG、HDL-C、LDL-C含量

试验研究结果：

普洱茶具有降血脂的作用

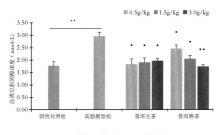

普洱茶降TC作用

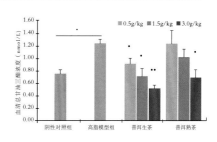

普洱茶降TG作用

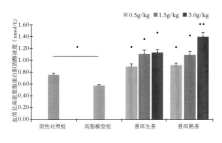

普洱茶升高HDL-C作用

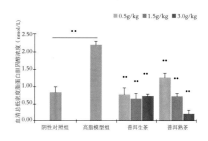

普洱茶降LDL-C作用

图1-1　普洱茶对高脂血症大鼠血脂水平的影响

研究结果表明：

1. 普洱茶可降低高脂血症大鼠血清总胆固醇（TC）的含量；
2. 普洱茶可降低高脂血症大鼠血清甘油三酯（TG）的含量；
3. 普洱茶可降低高脂血症大鼠血清坏胆固醇低密度脂蛋白胆固醇（LDL-C）的含量；
4. 普洱茶可增加高脂血症大鼠血清好胆固醇高密度脂蛋白胆固醇（HDL-C）的含量。

普洱茶具有保护高脂血症大鼠血管内皮的作用

动物试验结果表明，高脂模型组大鼠主动脉管壁增厚，内皮细胞肿胀、增生，内皮下间隙增宽，脂质空泡较多，中膜明显增厚。而生茶和熟茶高剂量组主动脉基本正常，普洱生茶熟茶6个剂量组主动脉病变明显轻于高脂组，普洱熟茶的效果更好（图1-2）。

阴性对照组　　　　　高脂模型组　　　　　生茶高剂量组　　　　熟茶高剂量组

图1-2　光镜下的主动脉组织形态学改变图片HE 40×

电镜下高脂模型组主动脉内皮细胞肿胀、变性，内皮细胞间隙增宽，胞浆内可见大的吞饮小泡，线粒体肿胀，而普洱生茶熟茶高剂量组，内皮细胞排列规则，连接紧密，胞浆内含吞饮小泡正常，细胞器正常(图1-3)。

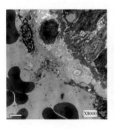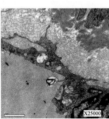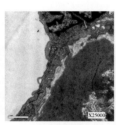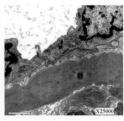

阴性对照组　　　　　高脂模型组　　　　　生茶高剂量组　　　　熟茶高剂量组

图1-3　电镜下的主动脉组织形态学图片

总之，本研究结果表明普洱茶具有很好地预防高脂血症和保护血管内皮的作用，普洱熟茶预防高脂血症的作用明显高于生茶。与药物治疗不同的是，采用普洱茶预防高脂血症，无任何副作用。

本研究主要完成单位：云南农业大学
昆明医科大学

故宫藏茶

北京故宫博物院的地库里，至今保存着79件普洱府专办，据史料记载为光绪二十年以前进贡的普洱茶，木箱之上光绪二十年的御封依然完整醒目。

——引自黄雁《龙团春秋》

——引自《普洱茶连环画》

【来源】明·李时珍《本草纲目》

【组成】春茶末　巴豆40粒

【主治】气虚头痛

【用法用量】上春茶末调成膏，置瓦盏内复转，以巴豆40粒作两次烧烟熏之，晒干乳细，每服一字。别入好茶末，食后煎服，立效

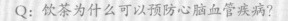

Q：饮茶为什么可以预防心脑血管疾病？

目前认为茶叶抗心脑血管疾病的作用机制主要有：饮茶可以抑制低密度脂蛋白氧化修饰；抑制血管平滑肌细胞增殖；抑制诱导型一氧化氮合成酶的表达。由此可见，茶叶的抗氧化作用是其防治心脑血管疾病的重要基础。

Q：饮茶为什么能解渴？

茶叶经开水冲泡后，茶汤中含有的化学成分，如多酚类、糖类、氨基酸、果胶、维生素等物质与口腔中的唾液发生化学反应，滋润口腔，因此，饮茶能起到解渴的作用。

美食美味莫辜负
一杯普洱可减负

第二章

普洱茶
抗动脉粥样硬化功效

导读 /

普洱茶具有降低由遗传因素导致的动脉粥样硬化小鼠血脂水平和炎症反应的作用，减少主动脉粥样硬化的损伤程度及发病风险；

普洱茶可明显减少由遗传因素引起的动脉粥样硬化试验小鼠粥样斑块的形成；

本研究证明普洱茶对于由遗传因素引起的高脂血症具有抗动脉粥样硬化的作用，可显著降低遗传小鼠心血管疾病的发生风险。

第二章

普洱茶抗动脉粥样硬化功效

什么是动脉粥样硬化

动脉粥样硬化是一种炎症性、多阶段的退行性复合性病变，病理变化十分复杂，至今没有得到完全的阐明。20世纪90年代美国科学家Ross提出动脉粥样硬化发病的损伤学说，即动脉粥样硬化是在损伤因子作用下导致的一个慢性炎症的过程，主要包括四期的病理变化：动脉血管内膜功能紊乱期、血管内膜脂质条纹期、典型斑块期和斑块破裂期。动脉粥样硬化的病程是从受累动脉的内膜受损开始，先后出现局部脂质条纹、平滑肌细胞的迁移增生、纤维分泌，直至在动脉内膜形成以脂质为核心，外有纤维帽包裹的典型斑块。由于动脉内膜聚集的脂质斑块外观呈黄色粥样，故称为动脉粥样硬化。形成的斑块有稳定性斑块和易损性（不稳定）斑块两种类型。

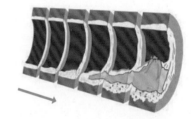

动脉粥样硬化的过程

引起动脉粥样硬化的主要原因

动脉粥样硬化的病因尚不完全清楚，但高脂血症或高脂蛋白血症与动脉粥样硬化发生密切相关。目前认为除了遗传、年龄、肥胖、吸烟、机体内氧化应激水平升高和缺乏体力活动等危险因素外，人们所吃的食物在动脉粥样硬化的发病中起着极为重要的作用，尤其是高能量和高脂肪的食物。

动脉粥样硬化的主要危害

冠状动脉粥样硬化性心脏病是动脉粥样硬化导致器官病变的最常见类型，也是严重危害我们健康的常见病。过去认为动脉粥样硬化性心脏病，严重时可导致心肌梗死和心力衰竭，但是近年来的研究认为易损性斑块的破裂还是导致脉管综合征以及死亡的主要原因。动脉沉积斑表面有一层称作为"盖子"的细胞（纤维帽），将沉积斑的核与流经沉积斑的血流分隔开。在易损性斑块中（比较危险的沉积斑），表面的这层"盖子"细胞既薄且脆。在血流的冲击下，盖层非常容易破碎，粥样沉积斑一旦破碎，破碎的碎片会混入血液。血流开始在沉积斑破碎的部位凝集，这种

凝集发生的速度非常快，能迅速地堵塞整个动脉血管。当动脉血管在短时间被堵塞时，血流没有时间形成旁路路径，这种情况发生后，破裂处下游的血流量急剧减少，心肌不能得到足够的氧气供给，这时心肌细胞开始死亡，心脏的搏动机能开始衰退，患者会感到胸部剧痛，或先是肩臂部有灼痛感，然后向上传导至脖子和下巴处。简单说，患者开始进入死亡状态。

这就是每年美国110万心脏病发作者背后的发病过程。每三个心脏病发作者中就有一个人死亡。

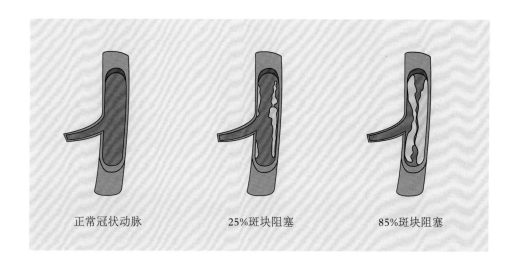

正常冠状动脉　　　　25%斑块阻塞　　　　85%斑块阻塞

现在知道了动脉粥样硬化是如何导致心脏病的，动脉斑的破裂是最致命的。那么人类怎么才能预测心脏病发作的时间呢？不幸的是，按照人类现有的技术条件，还做不到预测心脏病的发作时间。不知道什么时候沉积斑会破裂，哪些沉积斑会破裂，或情况可能有多严重。但事实证明了心脏病发作的相对危险度。因而预防斑块的形成、促进斑块的消退和提高斑块的稳定性是动脉粥样硬化防治的主要策略，也是预防冠状动脉粥样硬化性心脏病的主要途径。

普洱茶抗动脉粥样硬化作用的研究

　　人类高脂血症与动脉粥样硬化发病密切相关。降低血浆的总胆固醇（TC）、甘油三酯（TG）、低密度脂蛋白胆固醇（LDL-C），升高血浆高密度脂蛋白胆固醇（HDL-C）的措施显示能够降低动脉冠心病的发生和死亡率。目前临床治疗动脉粥样硬化主要措施就是改善血脂。膳食和营养因素与血脂的变化密切相关，控制饮食和改善营养状况已成为防治动脉粥样硬化和冠心病的重要途径。

　　本试验以普洱茶作为供试材料，采用ApoE基因敲除小鼠为试验动物模型[ApoE(-/-)]，这种基因敲出小鼠是目前国际上公认的实验模型动物。该模型小鼠血浆胆固醇浓度为正常小鼠的5倍，即使在普通饲料喂养下，也可以形成动脉粥样硬化几乎所有阶段的病变，并与人类的病变非常相似。通过这个试验，探讨普洱茶抗ApoE基因敲除小鼠高脂血症和动脉粥样硬化的作用，以期为普洱茶防治遗传因素相关的人类高脂血症和动脉粥样硬化提供试验依据。

研究路线：

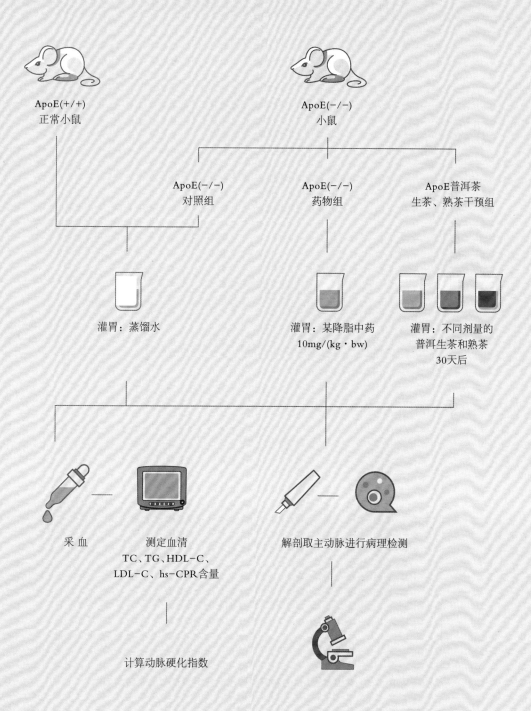

ApoE(+/+)
正常小鼠

ApoE(−/−)
小鼠

ApoE(−/−)
对照组

ApoE(−/−)
药物组

ApoE普洱茶
生茶、熟茶干预组

灌胃：蒸馏水

灌胃：某降脂中药
10mg/(kg·bw)

灌胃：不同剂量的
普洱生茶和熟茶
30天后

采血

测定血清
TC、TG、HDL-C、
LDL-C、hs-CPR含量

解剖取主动脉进行病理检测

计算动脉硬化指数

综合评价普洱茶抗动脉粥样硬化功效

试验研究结果:

1. 普洱茶可显著降低由遗传因素引起的动脉粥样硬化试验动物的体重

由遗传基因缺陷而导致的动脉粥样硬化小鼠灌胃普洱茶12周后体重、肝脏重量均明显减轻(图2-1,图2-2)。

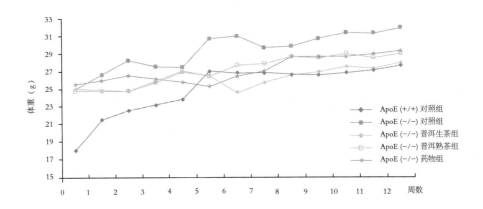

图2-1 普洱茶对ApoE基因敲除小鼠体重的影响

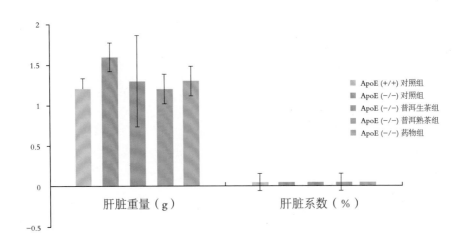

图2-2 普洱茶对ApoE基因敲除小鼠肝脏重量和肝系数的影响

2. 普洱茶可有效调节由遗传因素引起的动脉粥样硬化试验动物的血脂水平

由遗传基因缺陷而导致的动脉粥样硬化小鼠灌胃普洱茶12周后，血清总胆固醇
（TC）、甘油三酯（TG）及低密度脂蛋白胆固醇（LDL-C）均显著降低（图2-3），
说明普洱生茶和普洱熟茶均可有效降低由遗传性因素引起的动脉粥样硬化试验动物的血
脂水平。

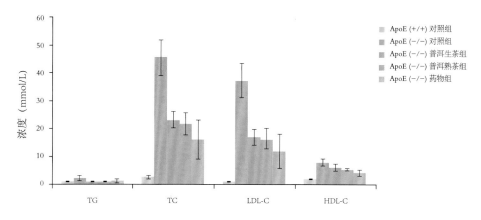

图2-3　普洱茶对ApoE基因敲除小鼠血脂水平的影响

3. 普洱茶可显著降低由遗传因素引起的动脉粥样硬化试验小鼠的动脉硬化指数（AI）

由遗传基因缺陷而导致的动脉粥样硬化小鼠灌胃普洱茶12周后，动脉硬化指数
（AI）均显著降低（图2-4），提示普洱茶可显著降低由遗传性因素引起的动脉粥样硬化
试验小鼠的动脉硬化指数（AI），能够有效阻止动脉粥样硬化的发生和发展。

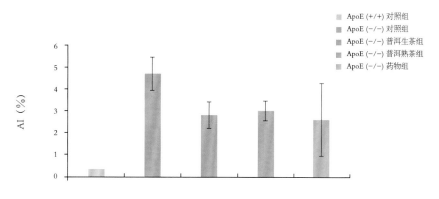

图2-4　普洱茶对ApoE基因敲除小鼠动脉粥样硬化指数（AI）的影响

4. 普洱茶可显著降低由遗传因素引起的动脉粥样硬化试验小鼠心血管疾病的发生风险

C-反应蛋白（hs-CRP）是由人体中的肝细胞所产生的特殊蛋白，为发炎反应的指标。近年的研究发现，在动脉粥样硬化的形成过程中，发炎反应扮演着重要角色。发炎指标也是评估心血管疾病风险的重要因子，而hs-CRP是目前应用最普遍的，它可以作为心血管疾病风险的预测指标。高浓度的hs-CRP会影响血管内皮细胞的特性，造成组织的损伤。从动脉粥样硬化一开始的脂肪纹到发炎细胞的浸润及内皮细胞功能的破坏，甚至到最后硬化斑的破裂等，hs-CRP都参与其中。

在本研究发现由遗传基因缺陷而导致的动脉粥样小鼠血清hs-CRP显著升高，说明试验小鼠已出现了动脉粥样硬化的病变。采用普洱生茶和普洱熟茶灌胃12周后，试验小鼠血清hs-CRP水平均显著降低（图2-5），说明普洱茶可显著降低试验小鼠血清中hs-CRP含量。

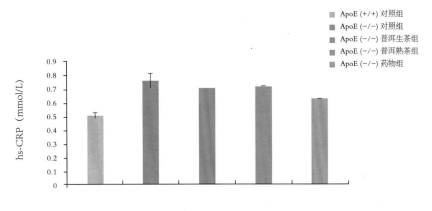

图2-5　普洱茶对ApoE基因敲除小鼠血清hs-CRP含量的影响

5. 普洱茶可明显减少由遗传因素引起的动脉粥样硬化试验小鼠粥样斑块的形成

主动脉病理检测发现，正常小鼠主动脉壁厚薄均匀，内膜、中膜和外膜未见异常（图2-6，A）。遗传基因缺陷小鼠（未饮茶组）可见大量泡沫细胞及胆固醇结晶形成的粥样斑块期病变，内膜完整性破坏，大量泡沫细胞形成和堆积，突向管腔（图2-6，B）；灌胃普洱茶后，与模型组相比，病变程度明显减轻，内膜轻度隆起和增厚，泡沫细胞明显减少（图2-6，C和D）。

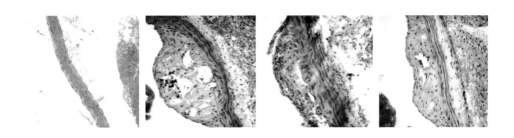

A ApoE(+/+)对照组   B ApoE(-/-)对照组   C ApoE(-/-)普洱生茶   D ApoE(-/-)普洱熟茶
（正常对照组）   （动脉粥样硬化组）   （动脉粥样硬化组+普洱生茶）（动脉粥样硬化组+普洱熟茶）

图2-6　普洱茶对ApoE基因敲除小鼠主动脉病理组织的影响HE 40×

　　预防斑块的形成、促进斑块的消退和提高斑块的稳定性是动脉粥样硬化防治的主要策略，也是预防冠状动脉粥样硬化性心脏病的主要途径。

　　为了得到更准确的试验结果，本研究还对试验小鼠的主动脉病理切片进行电镜观察，结果发现ApoE(+/+)对照组主动脉内皮细胞胞浆内吞饮小泡正常（图2-7，A）；ApoE(-/-)对照组主动脉内皮细胞水肿变性，体积增大，胞质疏松，内皮细胞坏死脱落，完整性破坏，细胞间隙增宽，胞浆内可见大量吞饮小泡（图2-7，B）；普洱生茶组与普洱熟茶组内皮细胞排列较为规则，病变程度较轻（图2-7，C和D）。说明普洱茶在预防动物动脉粥样硬化方面起到缓解作用。

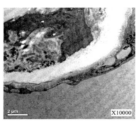
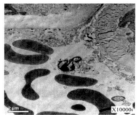

A ApoE(+/+)对照组　　　　　　B ApoE(-/-)对照组
（正常对照组）　　　　　　（动脉粥样硬化组）

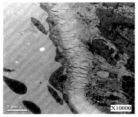

C ApoE(-/-)普洱生茶　　　　D ApoE(-/-)普洱熟茶
（动脉粥样硬化组+普洱生茶）（动脉粥样硬化组+普洱熟茶）

图2-7　普洱茶对ApoE基因敲除小鼠动脉病理的影响（电镜图片10000×）

普洱茶可显著降低基因缺陷动脉粥样硬化小鼠血清胆固醇、甘油三酯、低密度脂蛋白胆固醇和C-反应蛋白水平

以往的大、小鼠等动脉粥样硬化(AS)动物模型多采用高脂饲料长期饲养，由于大小鼠等动物先天具有抵抗胆固醇的特性，在制作模型时胆固醇负荷往往是数十倍高于正常膳食的急性过程，这与人类实际的慢性高脂血症情况相差甚远。ApoE基因敲除小鼠(ApoE-/-)亦称ApoE基因缺陷小鼠，其血浆含胆固醇丰富的残粒清除受阻，喂饲普通饲料即可出现高胆固醇血症，并自发地形成纤维斑块和复合斑块，且斑块的分布与人类动脉粥样硬化斑块的分布极为相似。

本试验采用ApoE基因敲除小鼠(ApoE-/-)为试验动物，采用普洱茶干预后，发现普洱茶可显著降低该基因缺陷动脉粥样硬化小鼠血清胆固醇、甘油三酯、低密度脂蛋白和C-反应蛋白水平，同时降低了动脉粥样硬化致病风险，提示普洱茶具有降低由遗传因素而导致的动脉粥样硬化小鼠的血脂水平、炎症反应、主动脉粥样硬化损伤的程度及发病风险，说明普洱茶具有抗ApoE基因敲除小鼠(ApoE-/-)动脉粥样硬化的作用。

数据解码 普洱茶功效

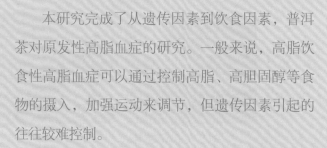

研究结果表明：

本研究完成了从遗传因素到饮食因素，普洱茶对原发性高脂血症的研究。一般来说，高脂饮食性高脂血症可以通过控制高脂、高胆固醇等食物的摄入，加强运动来调节，但遗传因素引起的往往较难控制。

本研究证明，普洱茶对于由遗传因素引起的较难控制的高脂血症具有抗动脉粥样硬化作用，显著降低了遗传小鼠心血管疾病的发生风险。

本研究主要完成单位：昆明医科大学
云南农业大学

《华阳国志·巴志》

古代文献中对于茶的记述最早是东晋的《华阳国志·巴志》，书中载：公元前1066年，周武王伐纣，得到西南濮国等8个小国的支持，他们献给武王的供品是丹漆、茶、蜜，濮人是普洱府最早原住民，是佤族、布朗族的祖先，由此看来，普洱府产茶的历史可追溯到3000多年前。

—— 引自黄雁《龙团春秋》

—— 引自《普洱茶连环画》

陈茗粥

【来源】唐·孟诜《食疗本草》

【组成】陈茶叶5~10克 、粳米30~60克

【功效】消食化痰，清热止痢，除烦止渴，兴奋提神

【主治】食积不消，过食油腻，饮酒过量，口干烦渴，多睡不醒，赤白痢疾

【用法用量】先用茶叶煮汁，去渣，加粳米同煮为稀粥。上、下午分2次温服。临睡前不宜吃

Q: 饮茶为什么能利尿？

多喝开水和多饮茶都能增加排尿数量，但多喝开水与饮茶对利尿的功能完全不同。因为茶汤中含有的咖啡碱，它能增加肌肉活动的伸缩功能，刺激骨髓，使肾脏发生收缩，促进尿素、尿酸、盐分的排出总量增加，从而起到利尿的作用。

Q: 饮茶为什么可缓解重金属毒性？

茶多酚类具有抗氧化的作用，能够抑制重金属引起的过氧化损伤。茶多酚还能与铅离子结合，将积累于器官中的铅排除，从而减轻其毒性。

导读 /

对于绝对不分泌胰岛素而导致的 I 型糖尿病小鼠，普洱茶可保护胰岛β细胞，从而促进胰岛素分泌，增加其胰岛素水平，调节餐前餐后血糖，减少「三多一少」糖尿病的典型症状；

对于胰岛素受体敏感性下降而导致的 II 型糖尿病小鼠，普洱茶可增加胰岛素受体的敏感性，同时改善脂肪代谢，减少非酯化脂肪酸含量，消除胰岛素抵抗；并通过抗氧化与抗炎作用，抑制脂肪组织炎症因子的产生，调节脂肪组织调脂激素的产生与分泌，从而有助于 II 型糖尿病的控制；

普洱茶用于糖尿病的预防保健作用是对其最根本的致病因素进行调节，同时又不具有西药的毒副作用，容易被多数人群接受，坚持长期饮用可减少风险。

普洱茶降血糖功效

> "
> 饮茶六益：
> 客来时，饮杯茶，能增进友谊；
> 口干时，饮杯茶，能润喉生津；
> 疲劳时，饮杯茶，能舒筋累消；
> 空暇时，饮杯茶，能耳鼻生香；
> 心烦时，饮杯茶，能静心清神；
> 滞食时，饮杯茶，能消食去腻。
> "

第三章

普洱茶降血糖功效

什么是糖尿病

糖尿病的英文名称是"Diabetes mellitus"，diabetes是尿特别多的意思，mellitus是甜的意思。中医将糖尿病称为"消渴病"，有三消：上消表现为多饮，中消表现为善饥，下消表现为多尿。现代医学认为糖尿病是体内胰岛素分泌不足（缺乏）或相对不足（胰岛素受体敏感性降低）引发的以糖、蛋白质、脂肪代谢紊乱为主的一种综合征，其主要特征是高血糖和糖尿，典型症状是"三多一少"：多尿、多饮、多食、消瘦乏力。

几乎所有的糖尿病例都可归为Ⅰ型和Ⅱ型糖尿病。Ⅰ型糖尿病不能够产生足够的胰岛素，因为胰腺当中产生胰岛素的细胞受到损害。这是机体对自身进行免疫攻击的结果，因此Ⅰ型糖尿病是一种自身免疫病。Ⅱ型糖尿病的病人可以产生胰岛素，但是胰岛素不能发挥正常的生理功

能，被称为"胰岛素抵抗"。这就意味着当胰岛素对血糖进行分派时，身体拒绝对胰岛素的"指令"作出反应。这样胰岛素就失去了其生理效能，血糖不能得到正常的代谢（胰岛素的生理作用好比向导，引导葡萄糖到身体不同的部位，发挥不同的生理功能。有些葡萄糖被立即吸收利用，向细胞提供短期所需要的能量；有些以脂肪的形式储存起来，供身体长期使用）。

引起糖尿病的主要原因

近年来全球糖尿病发病率呈上升趋势，国际糖尿病联盟公布了第8版全球糖尿病地图，结果显示，全球糖尿病成人患者（20~79岁）从2000年的1.5亿上升到2017年的4.25亿，增加近两倍。中国是全球糖尿病患者的第一大国，2015年患病人数高达1.1亿，130万人死于糖尿病及其并发症，而且我国发病患者年龄还呈年轻化发展趋势，未来一段时间糖尿病将成为我国严重的公共卫生疾病，如不再重视糖尿病的预防和治疗，人们不知

道什么时候就会成为其中的一员。

　　直系亲属中有患糖尿病的(糖尿病可以遗传)、超重的、肥胖的和经常大吃大喝又不爱运动的人,以及曾经生育过八九斤重婴儿的人、出生体重过低的人都是糖尿病窥视的对象;患高血压、肝病已经够令人烦心了,糖尿病也常来掺和。经常借酒消愁和吸闷烟的人也会招惹上糖尿病。

　　人们过去认为,Ⅱ型糖尿病产生的主要原因是肥胖导致胰岛素受体的增多,最终导致胰岛素相对不足所致。近年来发现,导致Ⅱ型糖尿病的主要病因为胰岛素受体的敏感性下降,所以尽管许多患者没有肥胖,或肥胖并不显著,但尿糖很高,

胰岛素也很高,糖尿病很严重。胰岛素的受体在机体代谢中的作用非常重要,它不仅控制着血糖进入细胞的大门,也调节细胞增殖、存活等功能。现代医学生物学发现,胰岛素受体功能的异常与癌细胞的异常代谢都有很密切的关系,也可影响人类的寿命。特别是老年人,胰岛素受体的敏感性比青壮年大打折扣,所以老年人容易患Ⅱ型糖尿病。

　　当然,影响胰岛素敏感性的因素远不止这些,例如遗传因素、罹患其他疾病以及不得不使用一些药物等,但这些因素较难干预。

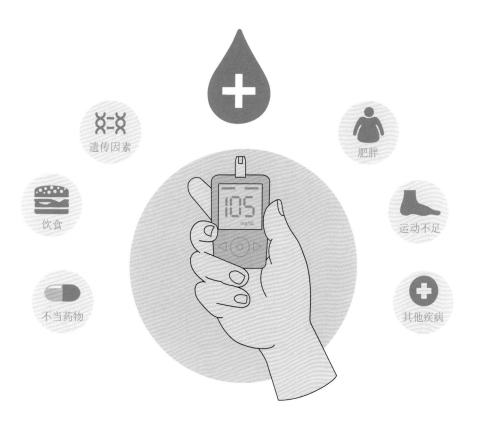

糖尿病的主要危害

一提起Ⅱ型糖尿病，人们似乎觉得它与癌症、心肌梗死比较，好像并不严重，所以很少引起重视。实际上，这种糖尿病的危害很大，它是一种慢性疾病，对心、脑、肾、眼等都有一定的隐患。糖尿病可引起动脉粥样硬化、冠心病、脑卒中、糖尿病肾病等心血管疾病；糖尿病眼病常并发白内障和眼底出血使治疗进退两难；糖尿病足常因无法治疗导致截肢；高血脂、高血压、经常性感染也与糖尿病如影随形。糖尿病导致的突发性糖尿病酮症酸中毒、低血糖等也严重危害着我们的健康。

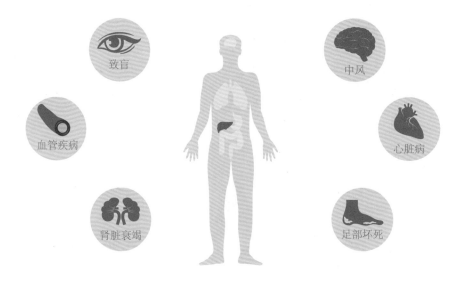

普洱茶降血糖作用的研究

普洱茶对四氧嘧啶型（Ⅰ型）糖尿病小鼠的降血糖作用

四氧嘧啶是广泛用于建立糖尿病动物模型的化学药物，其引发糖尿病的机理为：四氧嘧啶是胰岛素β细胞毒剂，通过产生超氧自由基破坏β细胞，使细胞内DNA损伤，并激活多聚ADP核糖体合成酶的活性，从而使辅酶含量下降，导致mRNA功能受损，β细胞合成前胰岛素减少，最终导致胰岛素缺乏。胰岛素绝对水平的下降显示四氧嘧啶糖尿病逼近Ⅰ型糖尿病即胰岛素依赖型糖尿病的特征，本研究利用四氧嘧啶构建Ⅰ型糖尿病小鼠模型，之后采用不同剂量的普洱茶茶汤进行灌胃，探讨普洱茶对Ⅰ型糖尿病模型小鼠的降血糖功效。

研究路线：

研究路线：
ICR试验小鼠 —— 适应性饲养6天 —— 尾静脉注射四氧嘧啶 —— 灌胃

取肝脏、肌肉组织 —— 解 剖 —— 采 血

不同剂量普洱生茶
不同剂量普洱熟茶
持续灌胃30天

测定血糖、血清、胰岛素含量
肝糖原、肌糖原等指标

综合评价普洱茶对四氧嘧啶
糖尿病小鼠的降血糖功效

试验研究结果：

1. 普洱茶可降低四氧嘧啶型糖尿病小鼠的空腹和餐后血糖

试验小鼠灌胃普洱茶30天后，发现空腹和餐后血糖显著下降，普洱熟茶效果优于普洱生茶（图3-1，图3-2）。此外，普洱茶还可缓解糖尿病引起的小鼠"多饮"和"多食"的症状（图3-3，图3-4）。

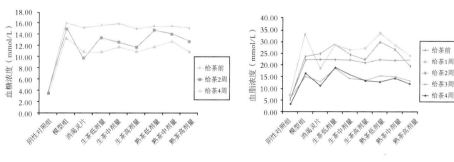

图3-1　普洱茶对四氧嘧啶型糖尿病
小鼠空腹血糖的影响

图3-2　普洱茶对四氧嘧啶型糖尿病
小鼠餐后血糖的影响

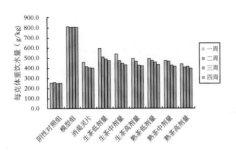

图3-3 普洱茶对四氧嘧啶型糖尿病
小鼠饮水量的影响

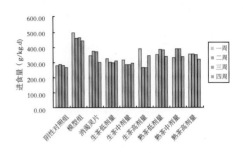

图3-4 普洱茶对四氧嘧啶型糖尿病
小鼠摄食量的影响

2. 普洱茶还可增加四氧嘧啶型糖尿病小鼠的胰岛素含量

胰岛素是调节糖代谢的内源激素，也是衡量血糖值高低的一项重要指标。四氧嘧啶型糖尿病小鼠灌胃普洱茶30天后，血清胰岛素水平显著升高（图3-5），提示普洱茶可促进胰岛细胞损伤小鼠胰岛素功能的恢复。其作用可能是通过提高机体抗氧化能力和细胞免疫功能，保护胰岛 β 细胞，从而促进胰岛素分泌，达到降低 I 型小鼠血糖水平的作用。

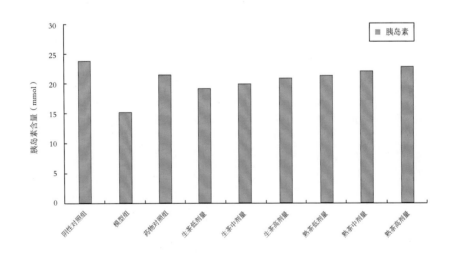

图3-5 普洱茶对四氧嘧啶型糖尿病小鼠血清胰岛素含量的影响

3. 普洱茶可增加四氧嘧啶型糖尿病小鼠肝糖原和肌糖原的含量

合成糖原是葡萄糖的主要贮存形式，肝脏和肌肉作为合成糖原的主要器官，对血糖稳态的维持有着极其重要的作用。四氧嘧啶型糖尿病小鼠灌胃普洱茶30天后，各剂量组的肝糖原水平均有所提高（图3-6，图3-7）。提示普洱茶的降糖作用，可能与增强机体对糖的降解能力，同时通过促进葡萄糖向肝糖原和肌糖原转化有关。

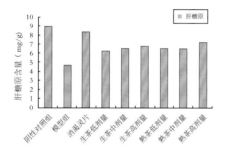

图3-6　普洱茶对四氧嘧啶型糖尿病
小鼠肝糖原的影响

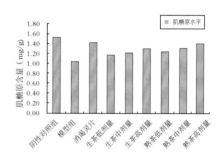

图3-7　普洱茶对四氧嘧啶型糖尿病
小鼠肌糖原的影响

综上所述，本研究通过给予ICR小鼠尾静脉一次性注射四氧嘧啶60mg/(kg·bw)制备Ⅰ型糖尿病小鼠模型后，持续30天每日定时灌胃普洱茶生茶和熟茶，结果表明普洱茶生茶和熟茶均具有降低四氧嘧啶糖尿病小鼠空腹和餐后血糖的作用，同时使试验小鼠血清胰岛素水平升高，改善其"多饮"和"多食"的症状。

普洱茶对肥胖性 II 型糖尿病db/db小鼠的降血糖作用

    人类 II 型糖尿病主要是由于胰岛素受体不敏感导致的糖尿病，所以本研究选择发病机制与人类疾病一致的动物模型进行试验。db/db小鼠由C57BL/6J近亲交配制成的近交系小鼠，为典型的肥胖型 II 型糖尿病模型，动物一般在一个月时开始贪食及发胖，继而产生高血糖、高胰岛素血症。

研究路线：

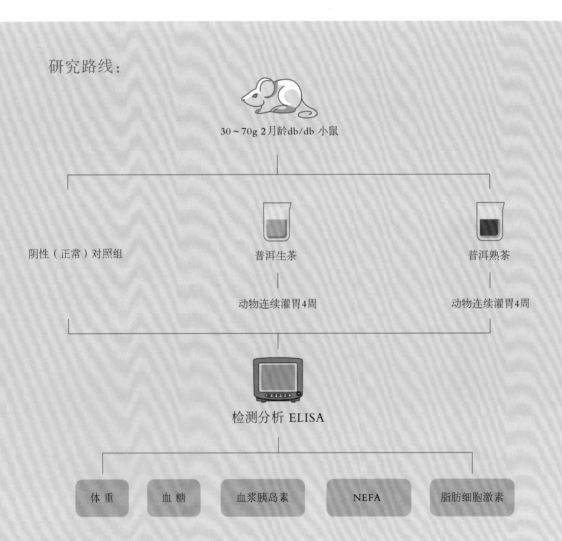

30～70g 2月龄db/db 小鼠

阴性（正常）对照组　　　　　　普洱生茶　　　　　　普洱熟茶

动物连续灌胃4周　　　　动物连续灌胃4周

检测分析 ELISA

| 体 重 | 血 糖 | 血浆胰岛素 | NEFA | 脂肪细胞激素 |

试验研究结果:

1. 普洱茶可降低Ⅱ型糖尿病模型小鼠的血糖水平

db/db肥胖型Ⅱ型糖尿病模型小鼠灌胃不同剂量普洱生茶与熟茶30天后,血糖水平均显著下降(图3-8)。

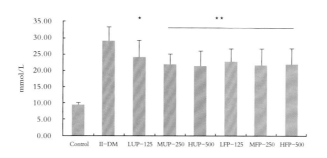

图3-8 普洱茶对Ⅱ型糖尿病小鼠血糖含量的影响

注:试验设置空白对照组(C57BL/6J小鼠)、Ⅱ型糖尿病模型组(db/db小鼠)和普洱茶灌胃组(db/db小鼠),其中普洱茶灌胃组又进一步分为低剂量普洱生茶组[LUP,125mg/(kg·bw)]、中剂量普洱生茶组[MUP,250mg/(kg·bw)]、高剂量普洱生茶组[HUP,500mg/(kg·bw)]、低剂量普洱熟茶组[LFP,125mg/(kg·bw)]、中剂量普洱熟茶组[MFP,250mg/(kg·bw)]、高剂量普洱熟茶组[HFP,500mg/(kg·bw)]。(下图均同)

2. 普洱茶未能改变Ⅱ型糖尿病模型小鼠的胰岛素水平

灌胃普洱茶前,Ⅱ型糖尿病模型小鼠的胰岛素明显高于同一品系正常对照小鼠的水平,各组小鼠的体重也没有明显差异,给予糖尿病小鼠不同剂量的普洱茶30天后,糖尿病小鼠的血清胰岛素水平并无变化,说明普洱茶未能改变Ⅱ型糖尿病模型小鼠的胰岛素水平(图3-9)。

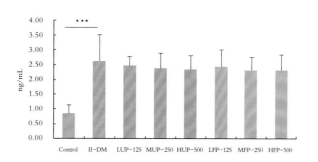

图3-9 普洱茶对Ⅱ型糖尿病小鼠血清胰岛素水平的影响

3. 普洱茶能够抑制Ⅱ型糖尿病小鼠体重的增加

以上试验表明，普洱茶对Ⅱ糖尿病的降血糖作用并不是通过提高血清胰岛素水平实现的，那么，其降血糖作用是否通过干预胰岛素受体来完成。例如，人类Ⅱ型糖尿病常见于肥胖人群，因为肥胖患者脂肪细胞增多，因而胰岛素受体增多，导致胰岛素相对不足。另外，肥胖症患者体内，伴随脂代谢的过程，发生了一系列炎症反应。大量炎症因子的存在干扰了胰岛素受体信号的传导通路，导致了胰岛素抵抗，因此降低体重有益于Ⅱ型糖尿病的防治。普洱茶已被应用了上千年，民间经验总结发现普洱茶有益于降低体重，既往的试验也证明了普洱茶能够降低饲喂高脂饮食大鼠的体重。因此，本研究探究了普洱茶是否能够抑制Ⅱ型糖尿病小鼠的体重。

结果显示，在灌胃普洱茶前，Ⅱ型糖尿病模型小鼠的体重没有明显差异，给予糖尿病小鼠不同剂量的普洱茶30天后，db/db小鼠体重显著降低。（图3-10）。

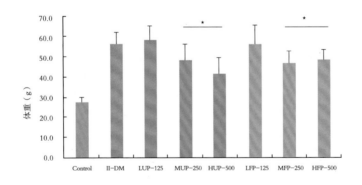

图3-10 普洱茶对Ⅱ型糖尿病小鼠体重的影响

4. 普洱茶可提高Ⅱ型糖尿病小鼠对胰岛素受体的敏感性

非酯化脂肪酸是由脂肪组织释放的代谢产物，对胰岛素受体的敏感性起着重要的影响作用。Ⅱ型糖尿病小鼠体内脂肪代谢紊乱，释放大量的非酯化脂肪酸，导致胰岛素的抵抗。对血清非酯化脂肪酸有效干预，是改变胰岛素敏感性的重要途径。本试验结果显示，给予Ⅱ型糖尿病小鼠不同剂量的普洱茶30天后，糖尿病小鼠血清非酯化脂肪酸水平均显著降低（图3-11）。

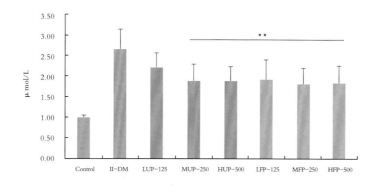

图3-11 普洱茶对Ⅱ型糖尿病小鼠血清非酯化脂肪酸含量的影响

5. 普洱茶是通过改变Ⅱ型糖尿病小鼠体内的脂肪代谢，调节胰岛素受体的敏感性，从而具有降血糖的作用

人们过去一直认为，脂肪组织就是人体能量的储存"仓库"。近年来国际上的研究发现，脂肪组织绝不仅仅是一个被动的脂肪存储地，它还是人体能量代谢重要的内分泌组织。例如，脂肪组织产生并释放大量的激素样的细胞因子，如leptin、adiponectin，调节全身的能量代谢。在遭受机体内外病理刺激时，释放大量的炎症因子。如IL-1β、TNF-α、IL-6等，这些因子不仅对脂肪自身，也对全身产生非常明显的影响。一个明显突出的结果是胰岛素抵抗，致使胰岛素不足以满足机体的需要，最终导致Ⅱ型糖尿病的发生。

干预脂肪组织的异常细胞因子与炎症因子的合成与释放也是现代医学很难解决的难题，因为脂肪组织是正常组织，对其不当干预就会产生机体自身细胞的损伤，显然其毒副作用难于避免。本研究前期的研究发现，普洱茶能够干预机体的脂肪代谢，抑制非细菌性炎症反应，长期应用也未发现其毒副作用。于是，本试验从以下几方面进一步研究了普洱茶对Ⅱ型糖尿病小鼠产生的脂代谢细胞因子与炎症因子的干预调节作用。

① 普洱茶可显著降低糖尿病小鼠脂肪激素leptin的产生

血浆Leptin水平的增高是肥胖型Ⅱ型糖尿病的重要病理变化。本研究结果显示，肥胖型Ⅱ型糖尿病模型小鼠的血浆Leptin水平明显高于同一品系正常对照小鼠的水平，给予模型小鼠不同剂量的普洱茶30天后，试验小鼠血浆中的Leptin水平显著降低（图3-12）。

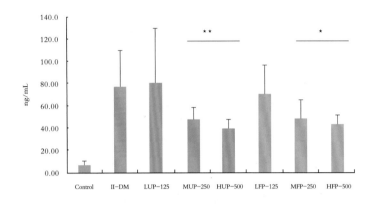

图3-12　普洱茶对Ⅱ型糖尿病小鼠血清Leptin含量的影响

② 普洱茶可增加糖尿病小鼠脂肪激素Adiponectin的产生

血浆Adiponectin水平的增高也是Ⅱ型糖尿病的重要病理变化。本研究结果显示，灌胃普洱茶前，Ⅱ型糖尿病模型小鼠的血浆Adiponectin水平明显低于同一品系正常对照小鼠血浆的Adiponectin水平，给予不同剂量的普洱生茶和熟茶30天后，试验小鼠血浆中的Adiponectin水平显著升高（图3-13）。

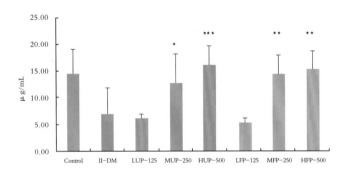

图3-13　普洱茶对Ⅱ型糖尿病小鼠血清Adiponectin含量的影响

③ 普洱茶可降低糖尿病小鼠炎症因子IL-1的含量

血浆IL-1水平的增高是引发胰岛素受体抵抗的内源性病理机制之一。本试验结果显示，Ⅱ型糖尿病模型小鼠的血浆IL-1水平明显高于同一品系正常小鼠的血浆IL-1水平，给予糖尿病小鼠不同剂量的普洱生茶和熟茶30天后，试验小鼠血浆中的IL-1水平显著降低（图3-14）。

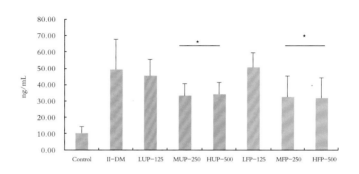

图3-14　普洱茶对Ⅱ型糖尿病小鼠血清IL-1含量的影响

④ 普洱茶可减少糖尿病小鼠炎症因子TNF-a的产生

血浆TNF-α水平的增高是引发胰岛素受体抵抗的另一个内源性病理机制。本研究结果显示，Ⅱ型糖尿病模型小鼠的血浆TNF-α水平明显高于同一品系正常对照小鼠的TNF-α水平，给予糖尿病小鼠不同剂量的普洱生茶和熟茶30天后，试验小鼠血浆TNF-α水平显著降低（图3-15）。

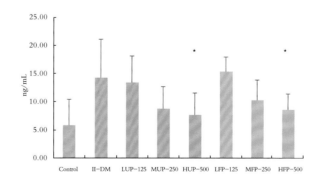

图3-15　普洱茶对Ⅱ型糖尿病小鼠血清TNF-α含量的影响

⑤ 普洱茶可降低糖尿病小鼠炎症因子IL-6的含量

血浆IL-6水平的增高是肥胖型Ⅱ型糖尿病的重要病理变化。本试验结果显示，Ⅱ型糖尿病模型小鼠的血浆IL-6水平明显高于同一品系正常对照小鼠的血浆水平，给予小鼠不同剂量的普洱茶生茶和熟茶30天后，糖尿病小鼠血浆IL-6水平显著降低（图3-16）。

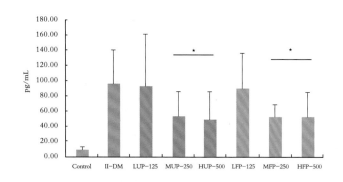

图3-16　普洱茶对Ⅱ型糖尿病小鼠血清IL-6含量的影响

综上所述，采用不同剂量的普洱生茶与熟茶给予Ⅱ型糖尿病小鼠30天后，其体重、血糖水平、非酯化脂肪酸显著降低，但血清的胰岛素水平并无变化；同时普洱茶还可显著降低糖尿病小鼠血浆Leptin、IL-1、IL-6、TNF-α的水平，以及提高Adiponectin的水平。

本研究试验给出了一系列清楚的结果，也就是说，普洱茶对于Ⅱ型糖尿病小鼠具有降血糖的作用，其降糖的作用并不是通过增加胰岛素的释放实现，而是改变了胰岛素受体的敏感性。改变胰岛素敏感性的机制主要是通过改变了体内的脂肪代谢，如抑制了脂肪细胞脂肪激素Leptin的释放，促进了脂代谢激素Adiponectin的释放，影响这些脂肪激素的机制与其具有对抗脂肪组织炎症的反应有关。

现代医学控制 II 型糖尿病有哪些不足

　　现代医学中，控制糖尿病的策略主要是提供外源性胰岛素。这一策略对于缓解糖尿病急性期给人体带来的损害是十分必要的，因为持续高血糖将导致人体很快出现代谢紊乱，如糖尿病酮症酸中毒；也会大范围地损害全身的小血管，出现四肢末端缺血坏死；内脏的小血管损伤导致脑损伤（痴呆）、肾损伤（肾功能衰竭）、视力缺陷（眼底出血）等，所以用胰岛素迅速控制血糖使之恢复到正常水平非常重要。

　　然而，胰岛素并不能十分有效地阻止病程的持续性发展，特别是对于 II 型糖尿病，由于胰岛素受体不敏感，尽管血液中含有大量（通常高于正常水平）的胰岛素，但血糖仍然很高，所以现代医学和大型国际药物企业研发了多种胰岛素增敏药物。虽然确实有助于 II 型糖尿病的治疗，但不少药物经过一段时期的应用后，出现了严重的毒副作用，例如有的胰岛素增敏剂可导致患者出现严重的心功能障碍和心力衰竭。所以，II 型糖尿病对于现代医学来说，也是一种难治性疾患。

普洱茶应用于糖尿病防治的优势分析

众所周知，现代医学对Ⅱ型糖尿病都很头痛。那么，普洱茶对Ⅱ型糖尿病患者的有益作用与现代医学的手段相比，有哪些优点呢？

通过本研究表明普洱茶对Ⅱ型糖尿病具有降低血糖的作用，对正常机体并没有降血糖的作用。其降糖的作用原理并不是增加了机体的胰岛素水平，而是干预了胰岛素受体达到其有益作用。例如，普洱茶降低体重后，可致胰岛素受体密度减少。普洱茶改善脂肪代谢，减少非酯化脂肪酸（NEFA），消除了胰岛素抵抗的机制。普洱茶通过抗氧化与抗炎的作用，抑制了脂肪组织炎症因子（IL-1、IL-6、TNF-α），调节了脂肪组织的调脂激素（Leptin，Adiponectin）的产生与分泌，而改善了胰岛素受体的敏感性，显然有助于Ⅱ型糖尿病的控制。而对于四氧嘧啶型糖尿病（即Ⅰ型糖尿病）的降糖作用却是增加了机体的胰岛素水平，同时调控其"三多一少"的症状。普洱茶是一种具有多种生物活性的多种物质的天然组合体，本研究证明其对四氧嘧啶型和Ⅱ型糖尿病的多重有益作用，不仅对于复杂性疾病的保健预防研究提供一个成功的案例，更为采用日常实用的，容易为多数人群接受的预防保健手段，减轻发病的严重程度。

普洱茶用于糖尿病的辅助保健作用具有一个很重要的优点，就是普洱茶增加Ⅰ型糖尿病的胰岛素含量，改善Ⅱ型糖尿病的胰岛素受体敏感性，都是对其致病因素进行调节，同时又不具有西药的毒副作用，容易被多数人群接受，特别是长期饮用易被接受。对于糖尿病人来说血糖需要每时每刻的调节与控制，即使漏服一次降糖药或漏用一次胰岛素都会导致严重的后果，漏用可扰乱血浆血糖激素与升高血糖激素的平衡。而普洱茶相对于药物来说，易被应用者长期坚持。

综上所述，虽然普洱茶有益于Ⅰ型糖尿病和Ⅱ型糖尿病的保健作用需要进一步研究证实，但将其作为一种日常饮品，不失为一种很好的预防手段。

本研究主要完成单位：北京大学医学部
云南农业大学
昆明医科大学

《普洱茶记》

清人阮福《普洱茶记》中"普洱茶名遍天下。味最酽，京师尤重之。"一语道出了普洱茶的显赫地位。此外，宋代《续博物志》，明代《滇略》《本草纲目》，清《普洱府志》，民国时期《梵天卢丛录》等众多古籍均对普洱茶大加推崇。

—— 引自黄雁《龙团春秋》

—— 引自《普洱茶连环画》

白前桑皮茶

【来源】东汉·张仲景《金匮要略》
【组成】白前5克　桑白皮3克　桔梗3克
　　　　甘草3克　　绿茶3克
【主治】久咳痰浓稠
【用法用量】用300毫升开水冲泡后饮用，冲饮至味淡

Q: 空腹能否喝浓茶?

茶叶在中医中有"味甘苦，微寒无毒"；空腹饮茶入肺腑，冷脾胃，自古有"不饮空心茶"之说。饮浓茶对胃黏膜细胞有刺激作用，特别是胃部有炎症或溃疡者，更不宜空腹饮茶。此外，空腹为饭前，此时饮茶较多，会冲淡消化液，使消化功能降低，而影响食欲或消化吸收。因此空腹时忌饮浓茶，适量饮茶，即浓度适宜，或量不太多，均可促进食欲，增加消化吸收功能，有益于健康。

Q: 饮茶为什么可以防癌抗癌?

茶叶的防癌机制，虽未全部探明，但以下几点是明确的：一是茶叶能显著阻断亚硝胺的合成(在N-亚硝基化合物中，极大部分都有致癌作用)；二是茶多酚具有很强的抗氧化能力，所以能大量消除体内的自由基；三是抑制癌变基因表达；四是调节人体免疫功能；五是抑制致癌剂与靶器官DNA共价结合。

"何需魏帝一丸药
且尽卢仝七碗茶"

第四章

普洱茶
减肥功效

导读 /

普洱茶可控制肥胖大鼠体重的增长，减少肥胖大鼠腹部脂肪的重量，其作用与抑制食欲和导泻无关，是一种积极的减肥方式；

普洱茶可使肥胖大鼠的腹部脂肪细胞变小，减少脂肪在脂肪细胞内的存储和积聚，有抑制腹腔周围脂肪增长的作用；

普洱茶在抗肥胖有效的同时，还具有多靶器官的降脂和保护肝脏的作用。

第四章

普洱茶减肥功效

什么是肥胖

肥胖是一种常见的营养性障碍性疾病。是指人体脂肪的过量储存，表现为脂肪细胞增多和（或）细胞体积增大，即全身脂肪组织块增大，与其他组织失去正常比例的一种状态。常表现为体重增加，超过了相应身高所确定的标准体重。

那么"超重"或是"肥胖"这些词语到底意味着什么呢？体形的标准表达方式是体重指数（Body Mass Index，BMI）。BMI代表了体重（kg）和身高（m）之间的一种关系。根据大多数官方发布的标准，如果我们的BMI超过了23，就属于超重者；如果我们的BMI超过了25，就属于肥胖者。

体重指数（BMI）的公式：

体重指数（BMI）=体重（kg）/[身高的平方（m²）]，单位为kg/m²

体重指数虽然会将极高者或极矮者错误地划分为肥胖，但却简单易行，与肥胖具有较高的相关性，因此，目前仍被WHO推荐为成年人肥胖测量指标（表4-1）。

表4-1 成人体重判定

分　类	BMI
体重过低	BMI < 18.5
体重正常	18.5 ≤ BMI < 24.0
超　　重	24.0 ≤ BMI < 28.0
肥　　胖	BMI ≥ 28.0

来源：WS/T428-2013成人体重判定。

肥胖分为哪些类型

上身肥胖：又称作苹果型肥胖（啤酒肚），以腹部或内脏肥胖为主。四肢基本正常，脂肪主要在腹部积聚，腰围和臀围比例大，男性常见。上身性肥胖者患心血管疾病和糖尿病的危险性增加，同时死亡率亦明显增加。

下身肥胖：又称作梨形肥胖，脂肪主要分布在臀部和下肢，女性常见。下身性肥胖者患心血管疾病和糖尿病的危险性相对较低。

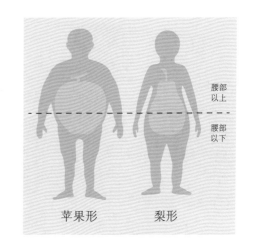

苹果形　　　梨形

有多少人被肥胖困扰

世界卫生组织的资料显示，全球的肥胖病患者正以每5年增加一倍的速率上升，目前全球至少有25亿多肥胖者。

美国肥胖人数占总人口1/3；英国15%的男性，16.5%的女性肥胖；澳大利亚62%的男性超重和肥胖；大洋洲的萨摩亚，男性肥胖患病率58.4%，女性76.8%；欧洲人约50%以上超重和肥胖；日本男性超重率超过24.3%，女性超过20.2%；中国超重及肥胖患病率23.2%（2.9亿），其中肥胖患病率5.7%（7000万），中老年患病率15%以上，儿童患病率8.1%。

肥胖有哪些危害

胖人的体重是悄悄加上去的，不会有负重的感觉。但是，增加的体重会让人怕热、多汗，稍稍快走或爬楼梯就气喘吁吁；容易疲劳、关节痛、行动迟缓、嗜睡、工作效率降低；下肢浮肿、下肢静脉曲张；最让人难以忍受的是体态臃肿、衣着再不能追求时尚而产生焦虑、自卑、抑郁的情绪，使人们没办法让生活过得更舒适惬意。

肥胖是健康的杀手，可以杀出一系列疾病，如糖尿病、高血压、心脑血管疾病、癌症等。2001年，我国统计数字显示，超重和肥胖人群患高血压的危险性是体重正常者的3～4倍，患糖尿病的危险性是体重正常者的2～3倍，冠心病积聚的机会是体重正常者的3～4倍。超重和肥胖人的体质指数（BMI）每降低2个单位，冠心病事件将减少14%，缺血性脑卒中事件可减少16%。美国统计资料，美国50%的死亡与肥胖有关。

脂肪肝　糖尿病　脑血管病　高血压　冠心病　关节痛　恶性肿瘤

为什么减肥如此困难

肥胖是一种易发现的、明显的，却又是复杂的代谢失调症，是一种可影响整个机体正常功能的生理过程，也就是说肥胖本质是一种信号，预示机体可能存在更难预防或治愈的严重"疾病"。

迄今为止，对于肥胖的预防和治疗还没有找到行之有效的根治方法。究其原因可能有以下几点：①尽管发现了一些肥胖发生的内因和外因，但肥胖发生的根本原因没有找到。因为人体就像宇宙一样奥秘无穷，可能存在着许多引起肥胖发生的机制，而且这些机制相互交错形成网络系统，相互调节，相互制约，并且在这个网络中每个机制都可引起肥胖；反过来如果阻断某个引起肥胖发生的机制，却有其他机制发生代偿性反应，结果是达不到减肥效果。研究人员现在所发现的一些引起肥胖发生的内因和外因，可能只是这个网络中很少的一部分，很不重要的一部分，可能更为重要的机制还没有发现。因此肥胖目前的研究，还处于"盲人摸象""公说公有理、婆说婆有理"的阶段。②节食和运动不失为一些行之有效的减肥方法，但往往很难坚持。③目前国外常用西药治疗减肥，国内流行中药减肥。但大多数减肥药物都具有不同程度的副作用，甚至是致命的，因此减肥药物在临床上的应用受到了限制。实际上，目前没有任何一种抗肥胖药物能够起到较好的治疗效果。④减肥之后容易反弹。当减肥病人减重后，如果停止减重措施，机体还会在原来肥胖的体重调节点上维持体重平衡，即出现反弹现象。那么普洱茶的减肥效果怎么样呢？一起来看看本课题的研究成果。

普洱茶减肥作用的研究

　　为了全面探索普洱茶的减肥作用，本研究从不同的角度一共开展了三次试验研究。主要通过模拟人类单纯性营养肥胖发生过程，以高脂饮食诱发SD大鼠营养肥胖模型和预防肥胖模型，造模后或造模的同时给予不同剂量的普洱生茶和普洱熟茶，观察其对高脂饮食诱发的SD大鼠肥胖模型的减肥和预防效果。

研究路线：

体重50～80g 的SPF级SD大鼠

基础饲料

高脂饲料

阴性（正常）对照组

饲养28天高脂模型建立成功

不同剂量浓度的普洱茶灌胃48天

采 血
检测血清瘦素含量

解 剖

取腹部脂肪组织
病理检测

综合评价普洱茶的减肥功效

普洱茶可控制肥胖大鼠体重的增长，减少其腹腔脂肪重量和脂肪细胞大小

本研究发现，普洱生茶、熟茶均能抑制高脂饲料引起的肥胖大鼠的体重增长(图4-1)；同时普洱生茶、普洱熟茶还可减少肥胖大鼠的内脏周围脂肪组织的含量（图4-2），使脂肪细胞的体积变小（图4-3），提示普洱茶可抑制肥胖大鼠腹部脂肪的积聚。

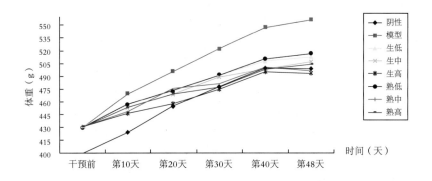

图4-1 普洱茶对肥胖模型减肥大鼠平均体重的影响（治疗模型）

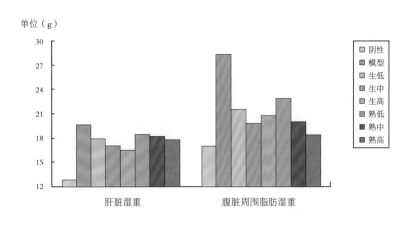

图4-2 普洱茶对肥胖模型大鼠肝脏、腹腔周围脂肪湿重的影响（治疗模型）

本试验中，采用40倍光学显微镜，对肥胖大鼠的脂肪细胞数目和大小进行了检测。结果发现，普洱生茶和普洱熟茶高剂量组的脂肪细胞数显著多于肥胖模型组，单位显微视野下，脂肪细胞数目越多，对应的脂肪细胞体积越小。表明普洱茶可使肥胖大鼠的脂肪细胞变小，减少脂肪在脂肪细胞内的存储和积聚，有抑制高脂饲料引起的大鼠腹腔周围脂肪增长的作用（图4-3）。

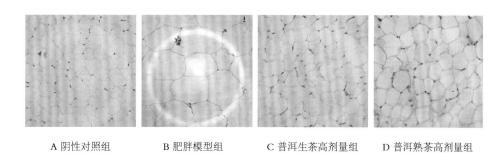

| A 阴性对照组 | B 肥胖模型组 | C 普洱生茶高剂量组 | D 普洱熟茶高剂量组 |

图4-3 普洱茶对SD大鼠肥胖模型减肥功效评价研究脂肪病理图片(AH) HE 40×

瘦素(leptin)作用于下丘脑的体重调节中枢，抑制食欲，增加能量消耗，调节脂肪代谢，在脂肪存储过程中发挥重要的作用。普遍认为机体的体脂量是影响瘦素水平的主要因素，且与瘦素水平成正相关。从本试验结果来看，普洱生茶、普洱熟茶虽然显著抑制了高脂饲料诱发的大鼠体重、体脂的增加，但瘦素水平并没有下降，相反却出现升高的趋势，特别是熟茶高浓度组瘦素水平升高更明显（图4-4）。推测普洱茶可能有促进大鼠血清瘦素分泌的作用，且普洱茶预防肥胖的作用可能与此有关。

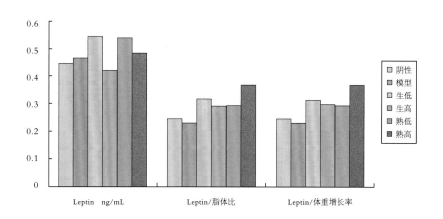

图4-4 普洱茶预防肥胖模型SD大鼠Leptin、Lepin/脂体比、Lepin/体重增长率的影响

普洱茶减肥的优势分析

有研究报道,脂肪组织特别是内脏周围脂肪组织与一些代谢综合征等疾病的发生风险增加密切相关。因此,普洱茶抑制了内脏周围脂肪组织的增加,就可以降低血脂代谢异常、心脑血管病、糖尿病、癌症、痛风、脂肪肝等代谢综合病发生风险,对抗肥胖来说显得更有意义。本研究证实了普洱生、熟茶对高脂饲料引起的SD大鼠的营养性肥胖具有减肥的作用,普洱生茶、普洱熟茶作用效果相当。而且并没有出现普洱茶抑制大鼠的食欲及导致大鼠腹泻的消极减肥现象,提示了普洱茶的抗肥胖机制与抑制食欲和导泻无关,是一种积极的减肥方式。

此外,本研究还发现普洱生、熟茶在降低高脂试验大鼠体重的同时,还能抑制高脂饲料引起的大鼠血清甘油三酯的升高,同时可升高高密度脂蛋白水平;减轻肝脏脂肪变性程度,减少脂质在肝脏中的沉积,减轻肥胖所致脂肪肝的发生。表明普洱茶在抗肥胖有效时,还具有多靶器官的降脂作用。因此,针对伴随高脂血症及(或)脂肪肝的肥胖者,可以通过适当地提高普洱茶的饮用浓度,达到辅助调节血脂和保护肝脏的作用。无论是抑制体重、体内脂肪的增长,还是调节血脂,普洱茶预防肥胖的作用效果会更显著,表明普洱茶抗肥胖的作用效果与机体内本身脂肪存储量的多少、普洱茶干预时间长短是相关的。此外,与摄入的普洱茶剂量也是成正相关的。本试验结果显示普洱茶高剂量抗肥胖效果最明显,依次为中剂量和低剂量。

本研究主要完成单位:云南农业大学
昆明医科大学
云南省第一人民医院

本研究证实了普洱生、熟茶对高脂饲料引起的SD大鼠的营养性肥胖具有减肥作用,生、熟茶作用效果相当。而且并没有出现普洱茶抑制大鼠的食欲及导致大鼠腹泻的消极减肥现象,提示普洱茶的抗肥胖机制与抑制食欲和导泻无关,是一种积极的减肥方式。

《普洱府志》

清道光年间的《普洱府志》记录了采办贡茶的细节："每年进贡之茶，列于布正司库铜息项下，动支银一千两，由思茅厅领去转发采办，并置办茶锡瓶、缎匣、木箱、茶费……每斤备贡者，五斤重团茶、三斤重团茶、一斤重团茶，四两重团茶、一两五钱重团茶、又瓶盛芽茶、蕊茶及匣装茶膏共八色，思茅同知领银承办。"

—— 引自黄雁《龙团春秋》

—— 引自《普洱茶连环画》

肥儿糕

【来源】清·傅山《青囊秘传》
【组成】苏叶1两　苏梗1两　霜桑叶2两　炒苍术3两
　　　　红茶2两　楂炭5两　广湘黄5两　炒麦芽5两
　　　　砂糖半斤
【功效】解表和中，消积健脾
【主治】小儿百病
【用法用量】上为末，后入砂糖，制如印糕法

Q：饮茶为什么能助消化？

茶叶中的咖啡碱和黄烷醇类化合物可以增强消化道蠕动，因而有助于食物的消化，预防消化器官疾病的发生，因此在饭后，尤其是摄入较多量的含脂肪食品后，饮茶是有益的。

Q：饮茶为什么可以预防阿尔茨海默病？

大量的研究证明，茶叶中含有的茶氨酸可促进神经生长和提高大脑功能，从而增进记忆力和学习功能，并对帕金森氏症、阿尔茨海默病有预防作用；此外，茶叶中的γ-氨基丁酸，可改善大脑血液循环、增加氧供给量、改善大脑细胞代谢的功能，有助于治疗脑中风、脑动脉硬化后遗症等。γ-氨基丁酸也可以改善脑功能、增强记忆力，其机制是提高葡萄糖磷脂酶的活性，从而促进大脑的能量代谢，最终恢复脑细胞功能，改善神经功能。

" 茶，杯杯味美
能调肠消食舒喉止渴
叶，口口清香
可明目提神解酒防癌 "

第五章

普洱茶

对脂肪肝的

防治作用

导读 /

普洱茶能有效抑制脂肪肝大鼠体重和肝指数的增加，改善高脂饮食引起的肝脏组织脂肪变性，其中熟茶的作用更显著；

普洱茶可改善脂肪肝大鼠的肝功能指标谷丙转氨酶和谷草转氨酶的活性，保护细胞膜以及线粒体膜免遭高脂饮食和酒精所引起的损伤，对非酒精性脂肪肝和酒精性脂肪肝的形成具有延缓和减轻的作用；

普洱茶可从多方面有效抑制非酒精性脂肪肝和酒精性脂肪肝试验大鼠的脂质过氧化反应，从而有效预防非酒精性脂肪肝和酒精性脂肪肝的发生和发展。

第五章
普洱茶对脂肪肝的防治作用

什么是脂肪肝

脂肪性肝病俗称脂肪肝，越来越为人们所熟悉，在每次体检中总要有不少人被检出患有脂肪肝。脂肪性肝病已成为人们耳熟能详的"时尚"名词，正逐渐成为威胁人群健康的一大"致命杀手"，是仅次于病毒性肝炎的第二大肝病。患病率男性高于女性，在30~40岁的中青年男性中，有1/4的人患有脂肪肝。

正常肝内脂肪占肝重的3%~4%。如果肝内脂肪含量超过肝重的5%，或在组织学上50%以上的肝脂肪化时，即为脂肪肝。按照脂肪的多少，分为轻、中、重三个等级。

根据引起脂肪肝的病因，脂肪肝又可分为非酒精性脂肪性肝病和酒精性肝病。二者发病的病因不同。

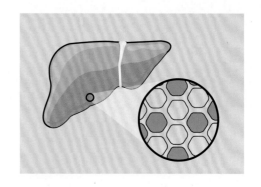

脂肪肝形成的主要原因

引起脂肪肝的原因有很多，与饮食营养有关的原因占的比例最多。

50%以上的肥胖人群同时有脂肪肝。肥胖是能量、脂肪代谢紊乱、脂肪不均衡堆积的结果，堆积的脂肪主要是甘油三酯。肥胖者常伴有高脂血症，血液中脂肪增多，脂肪肝是甘油三酯在肝内过多堆积的结果。

大约50%以上的糖尿病合并脂肪肝。糖尿病是以糖代谢紊乱为主的全身代谢性紊乱的综合疾病，包括脂肪代谢。Ⅱ型糖尿病几乎1/2以上有肥胖历史，高脂血症和脂肪肝是必然的并发症。

男性脂肪肝常见原因是酒精中毒性脂肪肝。饮酒后，90%以上的酒精进入肝脏代谢，酒精在肝脏经复杂代谢生成毒性比酒精更大的乙醛，可直接破坏肝细胞的结构和功能。乙醛还可以与其他物质结合成新的肝细胞毒物，损害肝脏免疫系统。酒精是高能量食物，酒中其他营养素微乎其微，长期酗酒者必然发生营养不良。饮酒时常进食高脂肪食物，所以，酒精毒性作用、高脂肪、营养不良是引起酒精中毒性脂肪肝的关键原因。酒对肝脏的损害程度与饮酒数量、时间及方式关系密切。

蛋白质能量不足引起的营养不良性脂肪肝可见于因为疾病长期不能进食，又得不到合理营养支持者。因为食物提供的能量不足，蛋白质也不足，要满足身体对能量的需要，体内脂肪大量分解出游离脂肪酸，进入肝脏代谢。由于蛋白质不足，能将脂肪酸运出肝脏的载脂蛋白合成更不足，结果大量脂肪酸在肝脏堆积，这也是"瘦人"为什么也会患有脂肪肝的主要原因。

此外，妊娠、药物、系统性疾病、遗传、炎症性肠病、人类艾滋病病毒感染等都可引起脂肪肝。

脂肪肝的主要危害

研究发现，不经治疗的脂肪肝会逐渐发展为肝炎症细胞浸润、坏死、纤维化，并可能引起肝细胞癌变，因此对脂肪肝的防治研究亦日益成为医学关注和研究的焦点，每年直接间接用于脂肪肝及其并发症的治疗费用高达上千亿，已成为严重影响患者生存质量和国家经济发展的重大社会公共卫生问题。尽管目前已有大量针对各种诱因的治疗药物（如血脂调节药、胰岛素增敏剂、抗氧化剂、中医中药）投入临床应用，以调节脂代谢，防止或延缓脂肪肝并发症的出现。但因脂肪肝的发病机制至今尚未完全明确，尚缺乏理想的治疗药物。因此，探索膳食相关的某些活性成分对脂肪肝的预防和治疗作用，有重要的理论意义和实际应用价值。以上信息提示，脂肪性肝病的防治已成为我国刻不容缓的医疗课题，为此研究人员开展了大量的研究。课题组前期研究结果提示，普洱茶具有良好的抗氧化和降血脂效应，可以发挥预防和改善脂肪肝及其并发症的作用，为此课题组就不同致病原因的脂肪肝开展了研究，以期为脂肪肝的防治提供一种简便易行的方法。

肝硬化　糖尿病　高血压　动脉粥样化　消化不良　免疫低下

普洱茶对脂肪肝的防治作用的研究

Ⅰ　对非酒精性脂肪肝的防治作用

非酒精性脂肪肝的重要致病原因是能量过剩。本研究采用高能量饮食诱发大鼠非酒精性脂肪肝之后，采用普洱茶茶汤对试验大鼠进行为期30天的灌胃试验，测定相应的生理生化指标，并进行病理检测。对于该项研究，本课题组反复开展了四次试验，都得到了相似的结果。

研究路线：

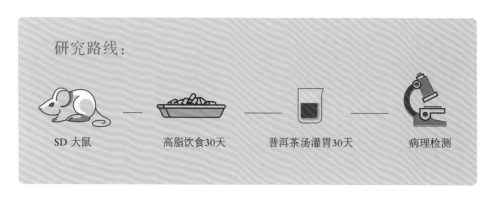

SD 大鼠　　高脂饮食30天　　普洱茶汤灌胃30天　　病理检测

从大体标本和肝组织病理学看，普洱茶可明显改善试验大鼠的脂肪变性

　　本研究采用高脂饲料成功建立非酒精性脂肪肝大鼠模型后，采用不同浓度的普洱生茶和熟茶对其进行灌胃30天后，牺牲试验大鼠，对其肝脏大体标本进行肉眼观察发现，阴性（正常）对照组大鼠肝脏颜色暗红、边缘锐利、质韧；高脂模型组大鼠肝脏颜色呈土黄色或红黄相间，体积明显增大，边缘变钝，脆弱易碎，切面略带油腻感；普洱生茶和熟茶组肝组织外观均接近于正常对照组（图5-1）。

A　阴性对照组

B　脂肪肝模型组

C　普洱生茶组

D　普洱熟茶组

图5-1　高脂血症SD大鼠肝脏脂肪变性功效评价大体标本图片

　　本试验通过试验大鼠肝脏组织病理检测还发现，阴性（正常）对照组（图5-2，A）肝组织结构正常，肝细胞无脂肪变性，细胞结构清晰，细胞质丰富，细胞核位于细胞中央；而脂肪肝模型组（图5-2，B）肝细胞胞质内充满大小不等的脂肪油滴，肝细胞内大脂滴将细胞核挤向一侧，少数肝细胞水样变性；低剂量生茶和熟茶组大部分肝细胞脂肪变性，肝细胞肿胀，胞质充满多数大小不等的脂肪油滴，细胞核被细胞内脂肪油滴挤压，还含有大量的泡沫细胞；中剂量生茶和熟茶组部分肝细胞脂肪变性，与低剂量相比大多数肝细胞脂滴数量明显减少；高剂量生茶（图5-2，C）和熟茶组（图5-2，D）绝大

部分肝细胞正常，仅有个别肝细胞脂肪变性，但熟茶较生茶的改善效果好。说明普洱生茶和熟茶均能有效抑制试验动物体重和肝指数的增加，还可梯度性的改善高脂饲料引起的肝脏脂肪变性，其中熟茶的作用更显著。

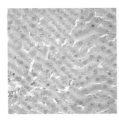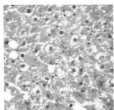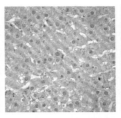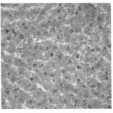

A 阴性对照组　　　　B 脂肪肝模型组　　　　C 普洱生茶高剂量组　　　　D 普洱熟茶高剂量组

图5-2　高脂血症SD大鼠肝脏脂肪变性功效评价病理图片(AH) HE 400×

在大体标本和肝组织病理组织病理学检测的基础上，课题组根据2003年颁布的《保健食品功能学评价程序与检验方法规范》对每一组试验大鼠肝脏病理组织学变化、诊断标准得出表5-1的结果，并与药物（XZK）进行了对比研究，发现各试验组病变程度组间有明显差别：普洱生茶、熟茶6个剂量组肝脏脂肪变性明显轻于脂肪肝模型组及药物（XZK）对照组，其中以普洱熟茶的效果最为明显(表5-1)。该结果表明，普洱茶生茶、熟茶均有明显防治高脂饮食引起的SD大鼠肝脏脂肪变性的作用，其作用优于药物XZK，普洱熟茶的作用优于普洱生茶。

表 5-1　普洱茶对预防 SD 大鼠肝脏脂肪病变程度诊断结果

组　别	肝细胞脂肪变性程度			
	－	＋	＋＋	＋＋＋
阴性对照组	8	0	0	0
脂肪肝模型组	0	0	1	7
XZK对照组	0	4	4	8
生茶低剂量	0	2	5	1
生茶中剂量	1	5	2	0
生茶高剂量	5	3	0	0
熟茶低剂量	3	5	0	0
熟茶中剂量	2	6	0	0
熟茶高剂量	4	4	0	0

注：n=8，　－：表示肝脏基本正常，偶见肝细胞脂肪变性；＋：表示30%～50%肝细胞脂肪变性，轻度脂肪肝；
＋＋：表示50%～70%肝细胞脂肪变性，中度脂肪肝；＋＋＋：表示70%以上肝细胞脂肪变性，重度脂肪肝。

Ⅱ 对酒精性脂肪肝的防治作用

　　目前认为，戒酒是治疗酒精性肝病的最主要、最根本的方法，同时通过饮食调节也能起到一定的作用；另外，尽管西医对酒精性脂肪肝的病因、病理生理的研究均取得了很大的进步，但目前西药治疗酒精性脂肪肝，仍以降脂为主，效果都不甚满意。临床上预防和治疗脂肪肝病的药物主要有皮质类固醇激素、丙基硫氧嘧啶、胰岛素及胰高血糖素、抗内毒素剂、秋水仙碱、抗氧化剂、S-腺苷蛋氨酸、多不饱和卵磷脂等。虽然较多，但多为化学合成药物，副作用较大，长期使用易导致肾脏损害。因此，探索利用普洱茶对酒精性脂肪肝的预防作用，将是一种相对简单、安全易行的方法。

研究路线：

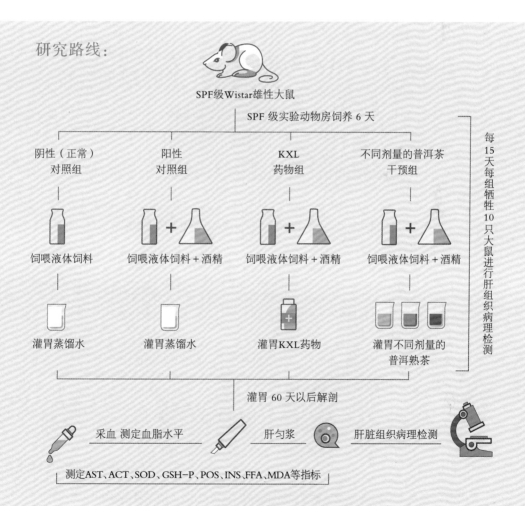

综合评价普洱熟茶对酒精性脂肪的预防保护作用

注：KXL 药物（市售某保肝药物），液体饲料（由北京华阜康生物科技股份有限公司提供）

试验研究结果：

1. 普洱熟茶能够保护酒精性脂肪肝试验大鼠细胞膜以及线粒体膜免遭酒精所引起的损伤

ALT(谷丙转氨酶)主要分布于肝细胞线粒体，不同的转氨酶升高反映肝脏受损的程度亦有不同。肝脏的轻度损伤，以肝细胞膜通透性增强为主，此时血清ALT增高，如伴有肝线粒体的破坏，即可出现谷草转氨酶（AST）升高。本试验结果显示，灌胃普洱熟茶后，可有效降低酒精性脂肪肝试验大鼠血清和肝组织中的AST和ALT活性（图5-3，图5-4），这说明普洱熟茶能够保护细胞膜以及线粒体膜免遭酒精所引起的损伤，对酒精性脂肪肝的形成具有延缓和减轻的作用。

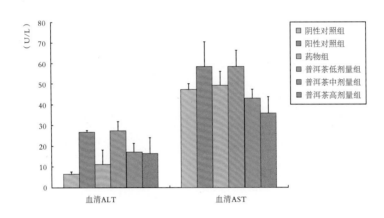

图5-3　普洱熟茶对酒精性脂肪肝大鼠血清ALT、AST活性的影响

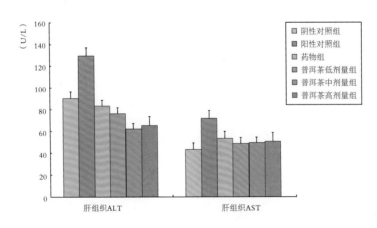

图5-4　普洱熟茶对酒精性脂肪肝大鼠肝组织ALT、AST活性的影响

2. 普洱熟茶可从多方面有效抑制酒精性脂肪肝大鼠的脂质过氧化反应，避免酒精造成的氧化损伤

酒精可以通过多条途径导致氧化应激。乙醇代谢的过程中，产生大量的还原型烟酰胺腺嘌呤二核苷酸(NADH)，增加了呼吸链中的电子流，导致了活性氧自由基(ROS)的大量产生，加重氧化应激，国内外学者普遍认为酒精代谢过程中产生的氧自由基是造成酒精性脂肪肝肝损伤的重要环节。机体为避免受到内源性或外源性ROS的损伤，在进化过程中形成了一整套代谢的抗氧化系统，主要由酶和抗氧化剂组成。SOD是生物体内最为重要的抗氧化酶之一，是清除 ROS 的第一道防线。GSH-Px也是人体抗氧化酶系之一，测定GSH-Px可作为判断抗过氧化能力的重要指标。

本试验结果显示，普洱熟茶可通过降低酒精性脂肪肝试验大鼠血清和肝脏组织中的ROS活性和MDA含量（图5-5，图5-6），以及增加SOD和GSH-Px活性（图5-7，图5-8），从多方面有效抑制酒精性脂肪肝大鼠的脂质过氧化反应。

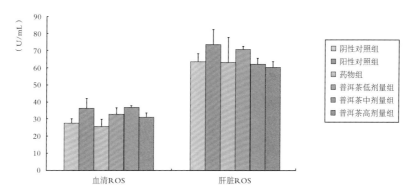

图5-5 普洱熟茶对酒精性脂肪肝大鼠血清和肝组织ROS活性的影响

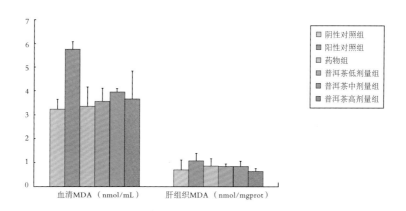

图5-6 普洱熟茶对酒精性脂肪肝大鼠血清和肝组织MDA含量的影响

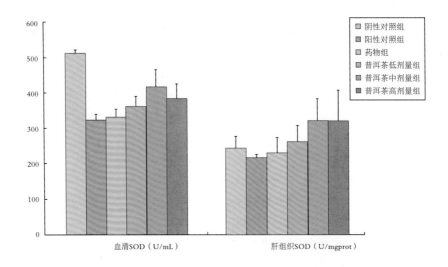

图5-7 普洱熟茶对酒精性脂肪肝大鼠血清和肝组织SOD活性的影响

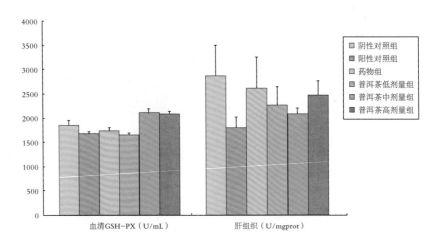

图5-8 普洱熟茶对酒精性脂肪肝大鼠血清和肝组织GSH-Px活性的影响

3. 普洱熟茶能够有效抑制酒精性脂肪肝引起的胰岛素抵抗

胰岛素抵抗是指正常浓度胰岛素的生理效应低于正常，主要表现为胰岛素抑制肝释放葡萄糖的能力及促进周围组织(主要在骨骼肌)利用葡萄糖的能力下降，为了调节血糖在正常水平，机体代偿性分泌过多胰岛素，即高胰岛素血症，从而导致机体一系列病理生理变化，最终导致各种代谢疾病的发生和发展。

大量的动物试验和临床研究证明胰岛素抵抗在脂肪肝的发生发展中起重要作用。机体过量摄入乙醇，可抑制三羧酸循环和脂肪酸的 β-氧化，使游离脂肪酸（FFA）含量增加，肝脏摄取组织中FFA后使之转变成TG，当肝脏合成的TG最终超过了肝细胞将其氧化利用和合成脂蛋白运输出去的能力时，脂质在肝脏内蓄积，继而形成脂肪肝。

上述试验结果显示，普洱熟茶通过保护细胞膜以及线粒体膜免遭酒精所引起的损伤，有效降低酒精性脂肪肝大鼠血脂水平（图5-9），及其血清和肝组织中游离脂肪酸（FFA）的积累（图5-10），抑制酒精性脂肪肝引起的胰岛素抵抗（图5-11），从而有效地预防酒精性脂肪肝的发生和发展。

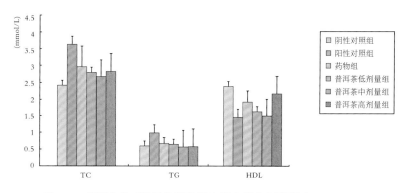

图5-9 普洱熟茶对酒精性脂肪肝大鼠血脂水平的影响

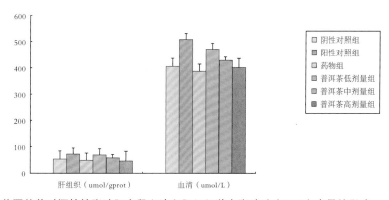

图5-10 普洱熟茶对酒精性脂肪肝大鼠血清和肝组织游离脂肪酸（FFA）含量的影响

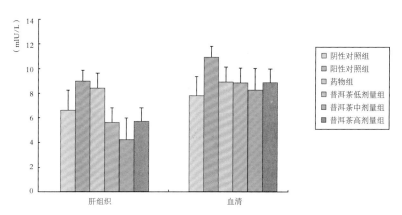

图5-11 普洱熟茶对酒精性脂肪肝大鼠血清和肝组织胰岛素（INS）水平的影响

4. 普洱熟茶可预防或延缓酒精性试验大鼠肝脏组织脂肪变性

通过病理检测发现，阴性（正常）对照组肝细胞及肝小叶结构正常（图5-12，A）；阳性对照组肝细胞中-重度水样变性、脂肪变性，轻度气球样变性及胞浆凝聚，偶见点状肝细胞坏死（图5-12，B）；药物组肝细胞中-重度水样变性，轻-中度脂肪变性、气球样变，较多炎症细胞多灶性浸润，部分病例偶见点状肝细胞坏死，但较阳性对照组轻（图5-12，C）；普洱熟茶低剂量组肝细胞重度水样变性、脂肪变性，轻度气球样变及胞浆凝聚、核固缩，部分病例肝板排列不规则，慢性炎细胞浸润，局部肝细胞机构破坏，个别病例偶见点状肝细胞坏死，其病变程度接近阳性对照组（图5-12，D）；普洱熟茶中剂量组肝细胞重度水样变性、脂肪变性，轻度气球样变，伴有胞浆凝聚、核固缩，慢性炎症细胞灶性浸润，较阳性对照组明显减轻（图5-12，E）；普洱熟茶高剂量组轻-中度脂肪变性、轻度气球样变及胞浆凝聚，慢性炎症细胞灶性浸润（图5-12，F）。提示普洱熟茶可预防或延缓酒精性试验大鼠肝脏脂肪变性，并具有剂量-效应关系。

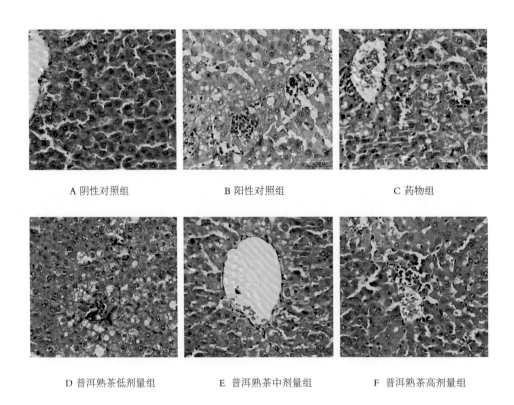

A 阴性对照组　　　　　　B 阳性对照组　　　　　　C 药物组

D 普洱熟茶低剂量组　　　E 普洱熟茶中剂量组　　　F 普洱熟茶高剂量组

图5-12　酒精性脂肪肝Wistar大鼠肝脏脂肪变性功能评价病理图片(AH) HE 400×

普洱茶防治脂肪肝的优势分析

通过试验研究发现普洱茶可通过降低试验大鼠体内AST、ALT活性，保护细胞膜以及线粒体膜免遭高脂饮食和酒精所引起的损伤，对非酒精性脂肪肝和酒精性脂肪肝的形成具有延缓和减轻的作用；普洱茶可通过降低大鼠血清和肝脏组织中的ROS活性和MDA含量，以及增加SOD和GSH-Px的活性，从多方面有效抑制非酒精性脂肪肝和酒精性脂肪肝试验大鼠的脂质过氧化反应；可通过有效降低非酒精性脂肪肝和酒精性脂肪肝大鼠TG、TC、HDL-C水平，调节肝功能指标，抑制酒精性脂肪肝引起的胰岛素抵抗，从而有效的预防非酒精性脂肪肝和酒精性脂肪肝的发生和发展。因此，喝茶是一种简单易行的预防脂肪肝发生和发展的好方法。

本研究主要完成单位：云南农业大学
云南省第一人民医院

通过试验研究发现普洱茶可通过降低试验大鼠体内AST、ALT活性，保护细胞膜以及线粒体膜免遭高脂饮食和酒精所引起的损伤，对非酒精性脂肪肝和酒精性脂肪肝的形成具有延缓和减轻的作用，调节肝功能指标，抑制酒精性脂肪肝引起的胰岛素抵抗，从而有效地预防非酒精性脂肪肝和酒精性脂肪肝的发生和发展。

困鹿山古茶园

　　在云南广袤的茶区中，普洱茶的原产地在哪里呢？据《普洱府志》稿之十九食、货志六、物产篇、茶云："普茶名重于天下，出普洱所属六茶山，一曰攸乐、二曰革登、三曰倚邦、四曰曼枝、五曰曼砖、六曰曼撒、周八百里，入山作茶者数十万人。"

—— 引自黄雁《龙团春秋》

—— 引自《普洱茶连环画》

解酒仙丹

【来源】明·龚廷贤《寿世保元》

【组成】白果8两　　葡萄8两　　薄荷叶1两　　侧柏1两
　　　　细辛5分　　朝脑5分　　细茶4两　　当归5钱
　　　　丁香5分　　官桂5分　　砂仁1两　　甘松1两

【功效】解酒

【主治】醉酒，头晕胀痛，恶心呕吐，腹胀满

【用法用量】上为细末，炼蜜为丸，如芡实大，每服1
　　　　　　丸，细嚼清茶送下

Q：饮茶为什么可调节肠道微生物？

　　茶叶具有直接杀灭和抑制有害微生物的作用。据国内外科学家的大量实验结果表明，茶叶中的儿茶素类化合物和茶黄素类化合物对许多肠道有害细菌都有很强的抑制作用，可明显改善肠道微生物的结构，增强肠道的免疫功能。

"
　　美食美味莫辜负
　　一杯普洱可减负
"

第六章

普洱茶
抗氧化功效

导读 /

普洱茶能增强抗氧化酶活性，降低脂质过氧化产物，防止动脉硬化，作为一种天然的、无毒的既能降血脂又能抗氧化的保健食品或保健食品原料，应用前景十分广阔。

第六章
普洱茶抗氧化功效

什么是脂质过氧化

脂质过氧化是游离或结合状态的不饱和脂肪酸受体内自由基作用而发生有害的过氧化反应。反应过程中产生了一系列的氧自由基，可产生羟基自由基、超氧阴离子自由基等，它们能加速不饱和脂质的过氧化反应，不断生成脂质过氧化产物，并由此分解生成丙二醛。

人体内的脂质过氧化反应是由自由基引起的，那么什么是自由基呢？从化学的角度来看，自由基就是缺少一个电子的氧分子。自由基为了弥补这个缺憾，变得非常活泼，易于失去电子（氧化）或获得电子（还原），会从别的氧分子那里偷盗一个电子，致使别的氧分子遭到破坏，引发脂质过氧化。等到遭破坏的氧分子达到一定数量，皱纹、癌症等各种不良的后果就开始出现了。有

些学者坚信，衰老的一切表现都是自由基一手造成的。

通常认为，活性氧自由基破坏了细胞的DNA、蛋白质及脂类等重要的生物大分子而引发癌症。广义来说，自由基是由外源性氧化剂或细胞内有氧代谢过程产生的具有很高生物活性的含氧分子；狭义的活性氧主要是指4种高反应性的氧分子种类，即超氧阴离子、过氧化氢、羟自由基和单线态氧。其中超氧阴离子和羟自由基是具有不配对的电子，故为自由基。而过氧化氢和单线态氧具有成对电子，不是自由基，但能促进自由基的生成。另外，广义的活性氧还包含有机过氧化物、过渡金属离子，氧的加合物、对次氯酸、烃氧基自由基、过氧化物自由基等。

正常细胞　　　　　　自由基攻击细胞　　　　　　氧化应激细胞

自由基产生的主要原因

20世纪60年代，生物学家从烟囱清扫工人肺癌发病率高这一现象中发现了自由基对人体的危害，人类才认识到了这一更隐蔽的敌人，比细菌和病毒更凶险。人类生存的环境中充斥着不计其数的自由基，人们无时无刻不暴露在自由基的包围和进攻中。离我

们生活最近的，例如，炒菜产生的油烟中就有自由基，这种油烟中的自由基使经常在厨房劳作的家庭妇女、中餐大厨肺部疾病和肿瘤的发病概率远远高于其他人；当然，男性也不能幸免，吸烟也能直接产生大量自由基。传统观念认为吸烟对人体的损害来自烟碱（尼古丁），然而，最新研究表明，吸烟中自由基的危害要远远大于烟碱。吸烟产生的自由基，有的可以被过滤嘴清除，但还有很多种自由基不能被传统的过滤方法清除掉，需要更高的科技手段来对其进行清除和降低。自由基的存活时间仅仅为10秒，但吸入人体后，就会直接或间接损伤细胞膜或直接与基因结合导致细胞转化等，从而引起肺气肿、肺癌、肺间质纤维化等一系列与吸烟有关的疾病。

大多数自由基都是细胞正常活动的副产品，好比盛宴之后厨房里势必会一片狼藉。人类无法阻止自由基的形成，人体内正常和必要的耗氧活动都会产生自由基，就连人们为了延长青春而进行的锻炼也会增加自由基的数量。此外，生活压力、空气污染、食物和饮用水里的化学物质、香烟（哪怕是间接吸入的），每天多喝的那一两杯酒精饮料，都会导致体内产生额外的自由基。

自由基的主要危害

自由基主要在辐射损伤、癌症、机体病变等三方面作用于人体。癌症是一类严重危害人类健康及生命安全的常见病、易发病，癌变是一个复杂步骤的反应过程，多年来的研究表明，虽然癌症的发生因素、发展规律是许多因素引发的，但自由基是许多化学、酶和生物学反应过程中活泼的中间体，并在辐射及化学造成的生物大分子和机体损伤过程中大量存在，并参与诱发阶段和促进阶段（癌症的两个阶段）的反应，使得自由基和癌变的发生、发展关系密切；大量资料证明，炎症、肿瘤、衰老、血液病，以及心、肝、肺、皮肤等各方面疑难疾病的发生与体内自由基过多积累或清除自由基能力下降有着密切的关系。

第六章　普洱茶抗氧化功效

93

自由基和活性氧的生成，主要来自体外、体内各种因素，体外因素主要是各种各样环境因素中的自由基进入到体内，特别重要的是大气污染物质、药物、紫外线、放射线等；体内自由基的产生系统主要有：活性化的巨噬细胞、白细胞、细胞内微粒、氧化金属蛋白质、酶类、身体内物质的自动氧化等。因此，降低自由基危害的途径也有两条：一是，利用内源性自由基清除系统清除体内多余自由基；二是，发掘外源性抗氧化剂——自由基清除剂，阻断自由基对人体的入侵。

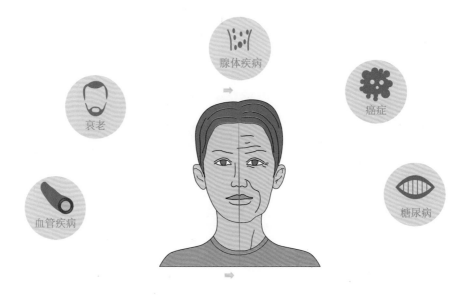

普洱茶清除自由基作用的研究

　　茶叶是倍受人们喜爱的饮品之一，与日常生活息息相关。很多报道提出了茶叶具有清除自由基及抗氧化作用，那么备受人们关注的普洱茶是否也同样具有抗氧化作用？为了解答这一问题，本研究以普洱茶为原料，通过动物试验测定相关指标，旨在为普洱茶的抗氧化功能评价提供理论依据。

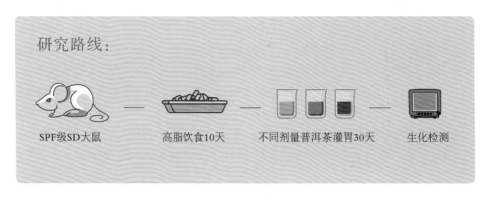

研究路线：

SPF级SD大鼠　——　高脂饮食10天　——　不同剂量普洱茶灌胃30天　——　生化检测

试验研究结果：

1. 普洱茶可增强机体内源性抗氧化系统的第一道防线

　　超氧阴离子是生物体内的主要自由基，在很多情况下对机体是有害的，它是导致衰老的原因之一。而超氧化物歧化酶是人体内清除超氧化物自由基的酶，它能催化活性氧超氧阴离子和HOO·发生歧化作用生成H_2O_2与O_2，而起到抗脂质过氧化和抗衰老作用，是机体内部保护的第一道防线，是生物体内最重要的抗氧化酶。通过试验发现，普洱生茶和熟茶均能明显提高脂质过氧化大鼠血清SOD的活性（图6-1），且效果随剂量的升高而增强。

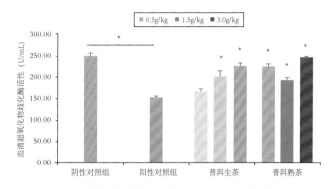

图6-1　普洱茶对试验动物血清中SOD活性的影响

　　GSH-Px（谷胱甘肽过氧化物酶）也是人体抗氧化酶系之一，测定GSH-Px可作为判断抗过氧化能力的重要指标，GSH-Px能清除体内代谢时产生的自由基离子，阻断体内脂质过氧化，并分解过氧化氢，防止活细胞有害产物的堆积，因此当机体受到氧化应激时，GSH-Px酶促反应会加快。GSH-Px的作用，一方面可催化H_2O_2的转变，降低细胞内H_2O_2的水平，以减少自由基形成；另一方面还可催化还原膜脂质氢过氧化物变为羟基酸的反应，以减少过氧化物的蓄积。本研究发现，普洱生茶和熟茶也能明显提高脂质过氧化大鼠血清GSH-Px的活性，并具有一定的剂量依赖关系（图6-2）。

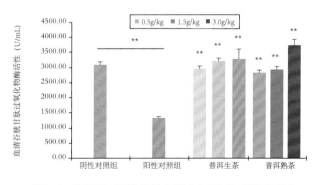

图6-2　普洱茶对试验动物血清中GSH-Px活性的影响

2. 普洱茶可减少脂质发生过氧化反应终产物MDA（丙二醛）的含量

MDA（丙二醛）是体内多价不饱和脂肪酸组分受活性氧作用后的过氧化产物，其含量可反映体内自由基的多少，间接推断自由基对机体的损伤程度，正常人体的MDA均值4.82±1.19nmol/mL。MDA是极其活泼的交联剂，它能与蛋白质、酶以及核酸上游离的氨基(-NH2)共价交联成希夫碱，因其具有异常的键，经溶酶体吞噬后不能被水解酶类消化，蓄积于细胞内成为脂褐素，脂褐素能毒害细胞，阻碍细胞内物质和信息的传递，导致并加快细胞的衰老和死亡，成为衡量自由基损害后果的标志之一，因此可以作为器官、细胞衰老的明显而可靠的标志。本研究发现，普洱生茶和熟茶可降低脂质过氧化大鼠血清MDA的含量（图6-3），具有很好的抗氧化的效果。

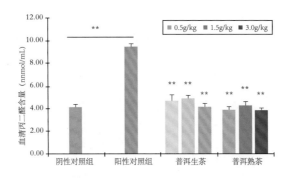

图6-3　普洱茶对试验动物血清中MDA含量的影响

普洱茶能增强抗氧化酶活性，降低脂质过氧化产物，防止多种慢性疾病的发生，其作为一种天然的、无毒的既能降血脂又能抗氧化的保健食品或保健食品原料，应用前景十分广阔。

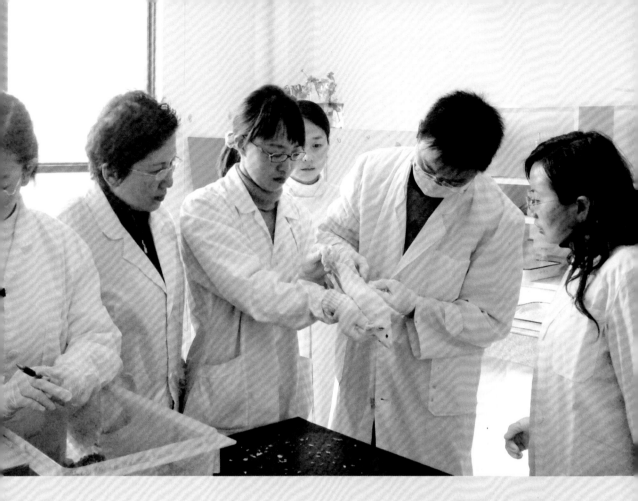

普洱茶作为抗氧化制剂的优势分析

  随着经济发展和人们饮食机构的改变及人口老龄化趋势，高血糖、高血脂、脂质过氧损伤为特征的癌症、糖尿病、肥胖病、高脂血症、动脉硬化等疾病急剧增加，这已成为中国保健事业的潜在威胁。研究表明，这些慢性疾病均与氧化损伤的发生存在直接的关系。而目前临床上常用药虽然在调节血糖、血脂或抗过氧化作用方面有一定的效果，但大都存在或大或小的副作用。因此，寻找新型高效低毒的调节血糖血脂抗过氧化作用的天然活性因子已成为当前人们的迫切需要。

  按照中华人民共和国卫生部2003年颁布《保健食品检验与评价技术规范》中关于抗氧化的评判标准可判断，本研究受试普洱生茶和普洱熟茶均具有较好的抗氧化作用。普洱茶抗氧化作用的环节可能有很多，其中主要有效成分茶多酚氧化还原电位较低，能提供质子与体内自由基结合，来清除体内过量自由基，避免生物大分子损伤，并能抑制细胞色素参与亲电子代谢物的形成。

本研究主要完成单位：云南农业大学

清代《普洱茶记》记载：普洱茶产区，几乎处处种茶，户户卖茶，送贡茶的马帮持有兵部特发的铜制"火令牌"一枚，浩浩荡荡，从普洱府出发恭送进京。手执令牌，过州"吃"州，过府"吃"府，一路畅行。

—— 引自黄雁《龙团春秋》

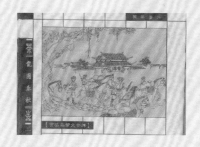

—— 引自《普洱茶连环画》

五苓茶

【来源】东汉·张仲景《伤寒论》
【组成】茯苓5克　　猪苓3克　　泽泻3克　　白术3克
　　　　桂枝3克　　花茶5克
【功效】化气利水，健脾祛湿
【主治】太阳病发汗后，大汗出、胃中干、烦躁不得眠；或外有表证，内有饮停、发热头痛、小便不利，烦渴引饮、或水湿内停水肿身重

Q: 隔夜茶能否饮用？

隔夜茶如果没有变质，是可以饮用的。如果发生异变则不宜饮用，因此饮用隔夜茶应视茶质变化而定。任何饮料食品都以新鲜为好，茶亦不例外，随泡随饮，不仅香气浓郁，茶味甘醇，还可减少污染。

Q: 饮茶为什么能美容？

茶叶的许多保健功效在人体美容上都有杰出的表现。茶及其提取物通过其抗氧化和清除自由基的作用，抑制有害微生物的作用，调节血脂的作用，提高人体免疫功能的作用，抵抗紫外线及其他电离辐射的作用等，可使人们保持正常体重、消除粉刺和癣病、消除黄褐斑和延缓皮肤衰老等，从而达到美容的目的。

> 人生如茶
> 平淡乃其本色
> 苦涩乃其历程
> 清香乃其馈赠

第七章

普洱茶防辐射功效

导读 /

普洱茶可提高辐照小鼠的免疫能力；

普洱茶可保护辐照小鼠造血系统免受辐射的损伤；

普洱茶可减轻辐照小鼠由辐照引起的自由基损伤；

普洱茶可加大辐照对癌细胞的杀伤力，同时保护正常细胞；

普洱茶具有较好的防辐射作用。

第七章
普洱茶防辐射功效

什么是辐射

2011年3月11日下午1时，日本本州岛仙台港以东130千米处发生震级9.0级的特大地震，引发日本福岛第一核电站爆炸事故并致核泄漏，核辐射问题立即为国际社会所关注。

辐射是指从物体放出来的波长不等的电磁波，如无线电波、微波、红外线、可见光、紫外线、X射线和伽马射线等。其中X射线和伽马射线（又叫电离辐射线）具有较强的穿透能力和使分子带电的能力。根据其物理特性电离辐射线越来越多地应用于各行各业，目前与人们接触最多的是医用辐射。

辐射分为电离辐射和非电离辐射，对人体造成伤害的是前者，平常所说的辐射均指电离辐射。人类生存环境中存在天然辐射，而人类许多活动也离不开放辐射。每年个人受天然辐射的有效剂量平均约为2.4mSv（Sv用来衡量辐射对生物组织的伤害，Sv是个较大的单位，计量时通常用mSv、μSv来表示：1Sv=1000mSv=1000000μSv），主要是空气中的氡辐射约1.2mSv，人们摄入的空气、食物、水中的辐射照射剂量约为0.25mSv/年。乘飞机旅行2000千米约为0.01mSv，做一次X光检查约为0.1mSv，等等。

辐射损伤的主要原因

20世纪核战争中大量人员的伤亡，电离辐射对人体的效应，受到了医学界、生物学界、化学界与物理学界共同的关注。早在20世纪40年代科学家们已从顺磁共振谱仪测知，电离辐射照射生物体会导致自由基生成。在许多疾病的发生与发展过程中自由基对机体的损伤起着重要作用，其中辐射损伤更具代表性。因在电离辐射作用下生物体内的氧自由基及活性衍生物对核酸、蛋白质、生物膜等重要大分子的损伤已被证明是辐射损伤发生的重要原因。

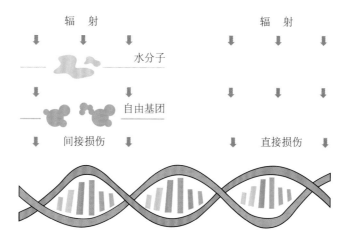

辐射的主要危害

  人们在长期的实践和应用中发现，少量的辐射照射不会危及人类的健康。过量的辐射才会对人体产生伤害，使人致病、致死。剂量越大，危害越大。一次小于100μSv的辐射，对人体健康无影响。一次1000~2000μSv的辐射，可能会引发轻度急性放射病，能够治愈。福岛核电站1015μSv/小时的辐射，约等于一个人接受10次X光检查。

  健康受损程度取决于暴露在辐射中的时间以及辐射的强度，一般认为身体接受的辐射能量越多，其放射病症状越严重，致癌、致畸风险越大。受核辐射后急性期初期症状主要表现为恶心、呕吐、发热、腹泻。按损伤程度可分为轻度损伤：可能发生轻度急性放射病，如乏力、不适、食欲减退；中度损伤：能引起中度急性放射病，如头昏、乏力、恶心、呕吐、白细胞数下降；重度损伤：能引起重度急性放射病，虽经治疗但受照者有50%可能在30天内死亡，其余50%能恢复，表现为多次呕吐、腹泻、白细胞数明显下降；极重度损伤：引起极重度放射性病，死亡率很高，表现为多次呕吐、腹泻、休克、白细胞数急剧下降。核事故和原子弹爆炸的核辐射都会造成人员的重度损伤甚至死亡，还会引发癌症、不育、怪胎等。

普洱茶防辐射作用的研究

随着电脑、手机、电视的普及，人们正在承受着越来越严重的低剂量、长时间的辐射危害，为寻求保护自身健康的日常保健品，国内外放射生物学与医学工作者急需寻找一种高效、稳定、低毒、价廉的辐射防护品，并应用于辐射损伤的防治。在广岛原子弹爆炸事件的幸存者中发现，凡长期饮茶的人放射病轻、存活率高。20世纪50年代发现茶叶提取物可消除放射性锶(90Sr)对动物的伤害，即定时饲喂茶叶提取物的存活，不饲喂的对照组死亡。对于普洱茶是否具有防辐射的作用尚无报道，故本研究通过动物试验和细胞试验探索普洱茶的防辐射作用，为普洱茶的防辐射功能提出评价依据。

I 动物试验研究

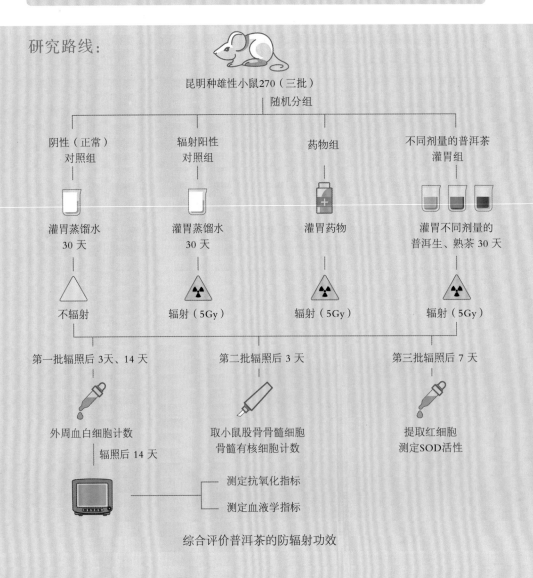

研究路线：

昆明种雄性小鼠270（三批）

随机分组

| 阴性（正常）对照组 | 辐射阳性对照组 | 药物组 | 不同剂量的普洱茶灌胃组 |

灌胃蒸馏水 30 天　　灌胃蒸馏水 30 天　　灌胃药物　　灌胃不同剂量的普洱生、熟茶 30 天

不辐射　　辐射（5Gy）　　辐射（5Gy）　　辐射（5Gy）

第一批辐照后 3 天、14 天　　第二批辐照后 3 天　　第三批辐照后 7 天

外周血白细胞计数　　取小鼠股骨骨髓细胞骨髓有核细胞计数　　提取红细胞测定SOD活性

辐照后 14 天

—— 测定抗氧化指标
—— 测定血液学指标

综合评价普洱茶的防辐射功效

试验研究结果：

1. 普洱茶可提高辐照小鼠的免疫能力

外周血白细胞数减少是一次性全身γ射线照射引起辐射损伤的表现之一，在一定范围内，照射剂量越大外周血中白细胞数量越少，恢复时间越长，外周血中白细胞数可代表血液系统受损的状况。在本研究中发现，普洱茶对辐照小鼠外周血白细胞损伤具有一定恢复作用（见图7-1，A和C）。白细胞又被称为免疫细胞，存在于血液和淋巴中，也广泛存在于淋巴细胞、嗜碱性粒细胞、中性粒细胞等血管、淋巴管以外的组织中。辐照会减少小鼠外周血白细胞数，其原因可能是由于辐照引起的自由基积累，导致白细胞损伤。普洱茶中含有大量清除自由基物质，如茶多酚、茶多糖、茶色素等，它通过清除体内自由基而起到了保护外周血白细胞的效果。

血小板是由骨髓中成熟的巨核细胞裂解、胞质脱落而成，但它并非只是细胞碎片，它有一定的结构，能进行新陈代谢，每个巨核细胞可产生2000~7000个血小板。血小板具有黏附、聚集、分泌、收缩血块等活动，在止血和凝血过程中起重要作用，在血管破损时，它引起血栓形成，还参与血管内皮细胞的修复，保持血管壁的完整。本研究中发现，辐照后小鼠的血小板数比正常组明显减少，灌胃普洱茶第14d辐照小鼠的血小板数显著增加（见图7-1，B和D），所以判定普洱茶对辐射小鼠的血小板损伤有明显修复作用，而修复效果与药物基本相同。揭示了普洱茶对于辐照小鼠血管内皮细胞的修复起到了积极作用。

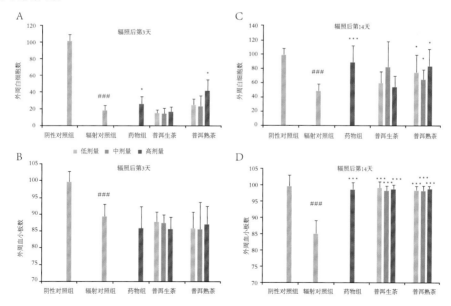

图7-1　普洱茶对辐照小鼠外周血白细胞和血小板数的影响（×10⁹个/L）

注：试验数据为（平均值±标准差），以下图均同。与阴性（正常）对照组相比，###：　$P<0.001$；与辐照（阳性）对照组相比 *：$P<0.05$，* * *：$P<0.001$。

2. 普洱茶可保护辐照小鼠造血系统免受辐射的损伤

骨髓有核细胞数降低是一次性全身γ射线照射引起辐射损伤的另一表现，在一定范围内，照射剂量越大骨髓有核细胞数越少，然而骨髓有核细胞含量越少，恢复时间越长，骨髓有核细胞数也可代表造血系统受损伤的状况。本研究通过对辐照小鼠进行普洱茶水浸提物的灌喂，前后比较，观察对骨髓有核细胞数的影响。结果发现，辐照后第3天，辐照（阳性）对照组与阴性（正常）对照组相比，小鼠的有核细胞数下降了70.6%。而灌胃普洱生茶和熟茶的各组小鼠骨髓有核细胞数却显著高于辐照（阳性）对照组，说明普洱茶对辐照小鼠的有核细胞损伤具有调节作用（图7-2），可保护其造血系统免受辐射的损伤。

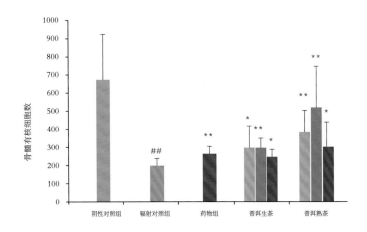

图7-2 普洱茶对辐照小鼠有核细胞数的影响（X10⁹个/L）

注：与阴性（正常）对照组相比，##: $P<0.001$；与辐照（阳性）对照组相比 *: $P<0.05$，＊＊＊: $P<0.001$。

3. 普洱茶可减少辐照小鼠由辐照引起的自由基损伤

血/组织中超氧化物歧化酶（SOD）活性降低是一次性全身γ射线照射引起辐射损伤的又一表现，在一定范围内，照射剂量越大，血/组织中超氧化物歧化酶活性越低，恢复时间越长，血/组织中超氧化物歧化酶活性可代表有机体氧化还原反应系统受损的状况。本试验采用普洱茶茶水对辐照小鼠进行灌胃后，观察普洱茶对辐照小鼠血红细胞超氧化物歧化酶活性的影响，发现普洱茶可提高辐照小鼠血红细胞超氧化物歧化酶的活性（图7-3，A）。超氧化物歧化酶具有特殊的生理活性，是生物体内清除自由基的首要物质。辐照使试验小鼠体内积累的大量自由基，超氧化物歧化酶的活性受到抑制，灌胃普洱茶后，它可以清除部分自由基，从而增加了超氧化物歧化酶的活性。

辐射后能使机体内的自由基水平升高，而在这些自由基当中，以羟基自由基（·OH）的作用最重要，Templeton实验证实，低LET射线导致的DNA损伤90%是由羟基自由基引起的。所以通过探讨普洱茶对辐照小鼠羟基自由基的抑制能力，能反映出普洱茶对辐照小鼠体内的自由基清除作用。本研究发现，普洱茶水浸提物能够提高辐照小鼠血清中的抑制羟自由基的能力，而且能够使辐照小鼠血清中羟自由基的含量低于阴性（正常）对照组，其抑制羟自由基的能力比药物组还要强（图7-3，D）。说明普洱茶具有清除辐照小鼠体内自由基的作用。

此外，现在抗氧化物质主要为抗氧化酶以及其他化合物，抗氧化的指标主要有超氧化物歧化酶（SOD）和谷胱甘肽过氧化物酶（GSH-Px）活力、丙二醛（MDA）含量、羟自由基（·OH）抑制能力等。本研究还分析了普洱茶对谷胱甘肽过氧化物酶活力和丙二醛含量的影响，结果发现普洱茶在增加辐照小鼠血清谷胱甘肽过氧化物酶活性的同时，减少了血清中有害的脂质过氧化产物丙二醛的含量（图7-3，B和C）。

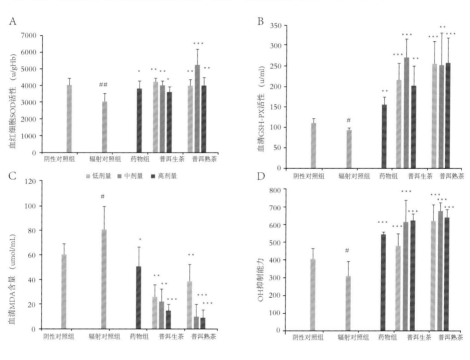

图7-3　普洱茶对辐照小鼠抗氧化作用的影响

注：与阴性（正常）对照组相比，#: $P<0.05$，##: $P<0.01$；与辐照（阳性）对照组相比，*: $P<0.05$，**: $P<0.01$，***: $P<0.001$。

 茶多酚、茶多糖等茶叶内含物具有很强的清除自由基、抗氧化作用，普洱茶也具备了这些物质基础

有资料表明：茶多酚、茶多糖等茶叶内含物具有很强的清除自由基、抗氧化作用，普洱茶已具备了这些物质基础。本试验通过探讨普洱茶对以上几个指标的影响，与前人的研究结果一致，普洱茶均表现出较好的抗氧化能力，其作用优于市售防辐射药物。

综合以上试验结果，参照卫生部《保健食品检验与评价技术规范》（2003版）中对辐射危害有保护功能检验方法的要求，可判定受试普洱茶具有防辐射的功效，原因可能都与普洱茶清除自由基的功效有关。

Ⅱ　细胞试验

为进一步了解普洱茶的防辐射作用，本研究利用从中国科学研究院上海细胞所购买的人小细胞肺癌细胞(NCI-H446)和正常人胚肺细胞 (WI-38)，进行深入研究。

研究路线：

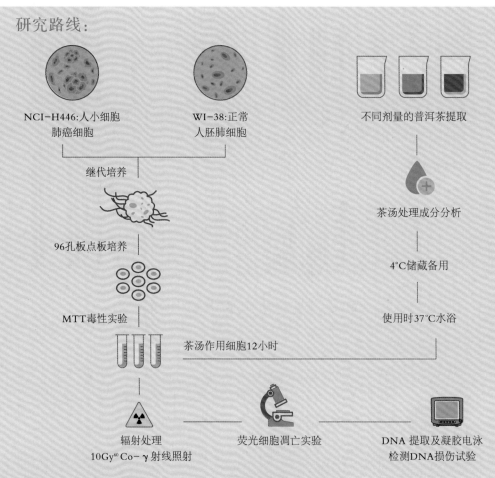

NCI-H446:人小细胞肺癌细胞

WI-38:正常人胚肺细胞

不同剂量的普洱茶提取

继代培养

茶汤处理成分分析

96孔板点板培养

4℃储藏备用

MTT毒性实验

使用时37℃水浴

茶汤作用细胞12小时

辐射处理
10Gy⁶⁰Co-γ射线照射

荧光细胞凋亡实验

DNA 提取及凝胶电泳检测DNA损伤试验

探讨普洱茶防辐射机制

試验研究结果：

1. 普洱茶可增加癌细胞辐射敏感性，同时降低正常细胞的辐射敏感性

　　对经普洱茶水浸提物和辐照处理后的正常人胚肺细胞（WI-38细胞）进行荧光染色，利用倒置荧光显微镜观察其形态变化，结果显示：没有经过任何处理的正常人胚肺细胞表现为正常的梭形(图7-4)，细胞核正常无皱缩，核质均匀地分布于细胞内；但细胞受到10Gy的γ射线照射后(图7-5)，正常人胚肺细胞可观察到染色碎片，出现凋亡小体，说明^{60}Co-γ射线可诱发大多数正常人胚肺细胞发生凋亡；辐照后再经过普洱熟茶和普洱生茶处理的正常人胚肺细胞（图7-6，图7-7)也能观察到细胞凋亡，但辐照没有引起严重凋亡，大部分细胞形态仍保持棱形状态正常生长，少部分细胞核内染色质出现不规则凝聚、固缩及周边化，有些紧靠核膜一侧，有些细胞内出现核碎片，仅有少量凋亡小体。说明普洱茶能减轻正常细胞受辐照的损伤程度。

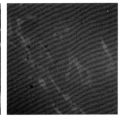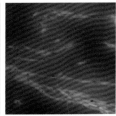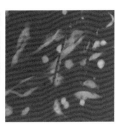

图7-4　正常WI-38细胞（正常培养未辐照）
细胞排列较密，无凋亡小体，细胞生长正常

图7-5　辐照后未经处理的WI-38 细胞细胞
经过辐照后出现凋亡小体以及少量细胞碎片，说明辐射对WI-38细胞有损伤

图7-6　辐照后用普洱熟茶处理的WI-38细胞
辐照后用普洱熟茶处理48小时后，WI-38细胞死亡部分，其中可见微小凋亡小体和细胞碎片和细胞碎片

图7-7　辐照后用普洱生茶处理的WI-38细胞
辐照后用普洱熟茶处理48小时后，WI-38细胞死亡部分，其中可见凋亡小体和细胞碎片

　　注：正常细胞——呈纤维形（或梭形），无皱缩；凋亡细胞——核呈团缩状或串珠状。其中圆形微小颗粒为凋亡小体；黑色小点为细胞碎片。

普洱茶能加大肿瘤细胞受辐照损伤的程度

　　对经普洱茶水浸提物和辐照处理后的人小细胞肺癌细胞（NCI-H446细胞）进行荧光染色，利用倒置荧光显微镜观察其形态变化，结果发现：没有经过任何处理的人小细胞肺癌细胞空白对照组（图7-8）细胞排列紧密，生长达对数期，细胞生长正常；但细胞

受到10Gy的γ射线照射后，辐照对照组人小细胞肺癌细胞（图7-9）可观察到细胞大部分死亡并出现染色碎片（凋亡小体），说明^{60}Co-γ射线可诱发大多数人小细胞肺癌细胞发生凋亡；辐照后再经过普洱熟茶和普洱生茶处理的人小细胞肺癌细胞（图7-10，图7-11），能观察到细胞凋亡，并且比辐照对照组（图7-9）引起的凋亡严重，大部分细胞死亡，细胞核内染色质出现不规则凝聚、固缩及周边化，有些紧靠核膜一侧，有些细胞内出现核碎片和大量凋亡小体。说明普洱茶能加大肿瘤细胞受辐照损伤的程度。

 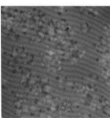 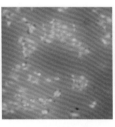 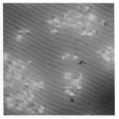

图7-8 正常 NCI 细胞（正常培养未辐照）
其中细胞排列紧密，生长达对数期，细胞生长正常

图7-9 辐照后未经处理的 NCI 细胞
细胞经过辐照后出现大量凋亡小体以及细胞碎片，说明辐射对NCI细胞有损伤作用

图7-10 辐照后用普洱熟茶处理的NCI细胞
辐照后用普洱熟茶处理48小时后，NCI细胞死亡很多，其中可见凋亡小体和死细胞

图7-11 辐照后用普洱生茶处理的NCI细胞
辐照后用普洱熟茶处理48小时后，NCI细胞死亡很多，其中可见凋亡小体和死细胞

注：正常细胞——呈纤维形（或梭形），无皱缩；凋亡细胞——核呈团缩状或串珠状。其中圆形微小颗粒为凋亡小体；黑色小点为细胞碎片。

综上所述，辐照对两个细胞株都有一定的伤害，而从细胞数目减少的程度上来讲，人小细胞肺癌细胞比正常人胚肺细胞受到的辐射损伤多。通过普洱茶水浸提物处理后，人小细胞肺癌细胞的数目减少比正常人胚肺细胞更多，说明供试普洱茶水浸提物具有增加癌细胞（NCI-H446）辐射敏感性的效果，加快癌细胞的损伤；同时，能使正常细胞（WI-38）的射线敏感性降低，减轻正常细胞受辐照损伤的程度，可以判断普洱茶防辐射功效的机理之一是减轻正常细胞的辐射敏感性。

2. 普洱茶可加剧癌细胞的辐照损伤，同时保护正常细胞的DNA损伤

本研究对两株细胞经过不同处理后，进行了DNA琼脂糖凝胶电泳分析，了解其DNA的损伤程度，结果如下：

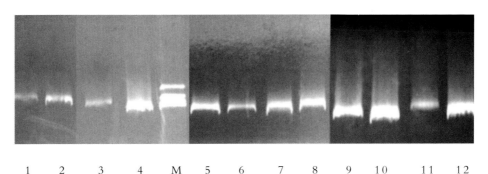

注：1号：WI-38空白不辐照（正常组）
2号：NCI空白不辐照（正常组）
3号：WI-38熟茶不辐照
4号：NCI熟茶不辐照
5号：WI-38生茶不辐照
6号：NCI生茶不辐照
7号：WI-38熟茶辐照
8号：NCI熟茶辐照
9号：WI-38辐照对照
10号：NCI辐照对照
11号：WI-38生茶辐照
12号：NCI生茶辐照
M：DNA maker

图7-12　普洱生茶熟茶水浸提物处理后WI-38和NCI两株细胞的DNA电泳图

由图7-12可看出，正常细胞和癌细胞对比显示，普洱生茶和熟茶两者的作用效果相差不大，普洱熟茶对不辐照的癌细胞有一定的损伤作用，比生茶效果稍好（见4号和6号）。而对于辐照后的细胞，生茶对提高辐照后癌细胞的辐照敏感性要比熟茶效果好（见8号和12号）。加入普洱茶水浸提物后辐射对于正常细胞的损伤较小，而对癌细胞的辐射损伤更严重。

 普洱茶可加大射线对癌细胞的杀伤力同时保护正常细胞

该研究结果说明，DNA电泳结果与细胞形态观察结果相似，癌细胞对射线的敏感性比正常细胞要大，即加入普洱生茶、熟茶水浸提物后，再用同样剂量的^{60}Co-γ射线辐照癌细胞，不仅使癌细胞DNA断裂严重，甚至使绝大部分癌细胞被射线直接杀死，但在一定程度上能够保护正常细胞因辐照引起的损伤。也就是说普洱茶可加大射线对癌细胞的杀伤力，同时保护正常细胞，这对于癌症化疗病人来说具有非常重要的意义。

综合以上结果可知，普洱茶通过提高试验动物体内清除自由基和抗氧化酶的能力，以及对血液中各种免疫指标的影响，在整体水平上表现出较好的防辐射作用。其作用机理与其提高小鼠的免疫能力、修护细胞形态、降低正常细胞辐射敏感性、减少正常细胞的DNA损伤等因素有关。

普洱茶应用于日常辐射的优势分析

　　自从20世纪50年代Alecander和Charlesby提出了多聚体辐射防护的自由基修复学术思想后，自由基与辐射损伤的理论研究取得很大进展，认为辐射损伤发展过程中出现的生理学效应、生物化学损伤和放射病症状等都可看成为自由基对机体损伤的一系列继发性效应或间接效应。在本书的第六章证明了，普洱茶具有较好的抗氧化作用，这可能是由于普洱茶在后发酵过程中，天然酚类物质在后发酵过程中发生了复杂的变化，形成了化学结构更为复杂的特殊酚类成分（如黄酮及其苷类物质），使普洱茶具有防辐射的作用。

　　综上所述，普洱茶作为一种安全、健康的饮品，用于日常生活中防止低剂量、长时间的辐射危害应该也是一种不错的选择。

本研究主要完成单位：云南农业大学

历史的机缘就在这一瞬间得以圆满，这褐色的龙团一经取瑛冲泡，顿时叫人眼前一亮，只见汤色通透明亮，红如宝石，艳如玛瑙。乾隆帝轻呷一口，只觉得吞如九畹之兰，忙下旨冲泡赏赐文武百官一同品鉴，于是满朝之上，醇香四溢，赞美之声，不绝于耳。濮氏茶庄受到了皇帝的赏赐。之后，濮老庄主和普洱府的茶师，根据这批贡茶，研究出了普洱茶的发酵工艺，并且代代相传。

—— 引自黄雁《龙团春秋》

—— 引自《普洱茶连环画》

川芎茶调散

【来源】宋·陈师文《太平惠民和剂局方》
【组成】薄荷叶8两　　川芎4两　　荆芥4两　　细辛1两
　　　　防风1两半　　白芷2两　　羌活2两　　甘草2两
【功效】清利头目，疏风止痛
【主治】偏正头痛，伤风壮热，肢体烦疼，风热隐疹
【用法用量】上为细末，每服2钱，食后茶清调下

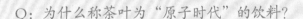

Q：为什么称茶叶为"原子时代"的饮料？

　　二战期间，美国在日本的广岛及长崎投下了2颗原子弹，对当地人民造成了严重的伤害。后经调查发现，凡经常饮茶者，放射病症状较轻，存活率较高。此后，科学家们在动物上进行试验，证实了茶叶可以防治放射性病害。其原因就是茶叶中茶多酚、脂多糖、维生素C、胡萝卜素等成分的综合作用，能够吸收放射性物质并排出体外，而脂多糖能保护造血功能，修复生理机能等。由此，茶叶有了"原子时代"的饮料的美称。故长期在计算机旁的工作人员和广大电视观众们应坚持不断地饮茶来防止辐射对人体的伤害和保护眼睛。

"
人居草木间
拥抱大自然
风雨涤尘垢
长寿越百年
"

第八章

普洱茶
耐缺氧功效

导读 /

普洱熟茶可延长试验小鼠在密闭容器中的存活时间，缓解小鼠因缺氧而产生的脑水肿；普洱茶可有效提高急性缺氧小鼠脑组织抗氧化酶的活力。

第八章
普洱茶的耐缺氧功效

什么是缺氧

　　氧气参与生物氧化，是正常生命活动不可缺少的物质。但人体内氧储藏量很少，有赖于外界环境中氧的供给和通过呼吸、血液循环不断完成氧的摄取和运输，以保证细胞生物氧化的需要。缺氧对机体是一种劣性刺激，影响机体的各种代谢，特别是能量代谢中的氧化供能作用，最终会导致机体的心、脑等重要器官供氧不足而死亡。

　　缺氧症状广泛存在于人类的生活和工作中，它涉及医学、体育、军事等领域。当正常人体组织细胞得不到代谢活动所必需的氧或不能充分利用氧时，组织的代谢、机能、形态结构都可能发生异常变化，这一病理过程称为缺氧（Hypoxia）。

缺氧产生的主要原因

　　在高原、高空等氧饱和度低的环境中，缺氧也是一个普遍的现象。全球海拔3000米以上高原的特殊环境，除了对人体各系统器官的功能、代谢等产生广泛影响以外，还会引起一种特殊类型的疾病——高原病。研究表明，当人进入高原时，会发生急性缺氧反应，身体所有器官、组织、细胞处于缺氧应激状态，机体会因此而发生一系列生理、脏器功能、内分泌以及组织形态学方面的代偿性变化，这些变化的目的在于提高机体供氧量、减少机体耗氧或提高机体对缺氧的耐受性而维持机体基本生理需要。

　　此外，一氧化碳、硝基苯、亚硝酸盐等中毒，可导致血红蛋白发生改变，使其携氧能力降低，其中亚硝酸盐中毒最常见。土壤、水、污染的空气中，广泛存在亚硝酸盐或其前身——硝酸盐，不新鲜的蔬菜、剩菜剩饭、腌菜、泡菜、火腿、香肠等都含有较多的硝酸盐。硝酸盐在肠道细菌的作用下可转变为亚硝酸盐，如摄入过多可能导致高铁血红蛋白血症，进而产生缺氧症状。

缺氧的主要危害

缺氧是很多疾病发生发展的病理学基础，一般短暂或轻度缺氧可引起心跳加快、嘴唇发紫、头晕、头痛，甚至可能出现呕吐、腹泻、呼吸短促、昏迷等症状；长时间或极度缺氧，由于机体氧化代谢受阻，能量产生不足，可引起严重的功能性障碍或病理性改变，比如肺水肿、高原低血压症、高原心脏病等疾病，严重可能导致生命活动的停止。

另一方面，在细胞分子水平上，当机体失去代偿时，缺氧就对机体造成严重损伤。缺氧损伤的表现包括氧自由基增加，代偿性的超氧化物歧化酶(SOD)和过氧化氢酶(CAT)活性增加，过氧化氢(H_2O_2)、乳酸(LA)水平升高。氧自由基的增加对细胞膜通透性、离子转运、屏障功能产生破坏性影响，从而导致细胞水肿、变性、溶解，脑组织、肺组织更易受到攻击。缺氧时乳酸增加可使血管进一步扩张和细胞水肿，导致血流受阻、组织缺氧。

缺氧情况会造成的影响：

对神经系统的影响

神经系统尤其是大脑皮层对缺氧最为敏感。轻度缺氧时，机体会出现心跳加速、血流加快的代偿性反应；中度缺氧时，神经兴奋减弱，一些与机体适应有关的器官调节作用增强；严重缺氧时，兴奋和条件反射进一步减弱，致使生理功能调节出现障碍。

对呼吸系统的影响

轻度缺氧时，机体会出现一些有利于向组织供氧的变化，如呼吸频率加快、肺活量加大、肺通气量增加、肺泡内氧分压增高。随着缺氧程度的进一步加深，肺表面活性物质减少，弹性回缩力下降，二氧化碳排除量过多，使得血液pH值升高，出现碱血症。

对消化系统的影响

缺氧条件下，动物或人的食欲下降、对食物的摄取量减少，出现恶心、呕吐、各消化腺的分泌量降低、消化功能减弱、胃肠蠕动减弱、消化不良等症状。

对循环系统的影响

缺氧时心跳加快，血输出量增加，这些变化有助于加速氧的运输和组织供氧。随着缺氧程度的加深，心率可进一步增加，但输出量呈下降趋势，严重缺氧或全身性缺氧时心率减慢，可导致心力衰竭，引起高原性心脏病或贫血性心脏病等。对缺氧最敏感的组织细胞是神经细胞，其次是心肌细胞。慢性缺氧时，细胞内线粒体增多，氧化还原酶活性升高，可促进生物氧化过程，提高组织用氧能力。严重缺氧可导致细胞内能源耗竭，最后导致细胞膜、内质网、线粒体膜等一系列的膜结构损伤，通透性升高，细胞水肿，溶解坏死。

第八章 普洱茶耐缺氧功效

117

普洱茶耐缺氧作用的研究

多年来，人们对缺氧损伤机理进行了许多研究与探索，以便寻找有效的耐缺氧措施，避免缺氧。脑作为耗氧量最大的器官，无疑是缺氧损伤的重要靶器官。一般性的"体内缺氧"，即使不会直接威胁生命，也会对身体健康造成损伤。大脑皮层对缺氧很敏感，如果用脑过度，如长时间、高强度的脑力劳动，脑耗氧量会成倍增加。因此，研究人员认为提高脑的缺氧耐受能力十分重要。

虽然研究表明部分西药如磺胺唑啶、地塞米松、尼莫地平等，对缺氧引起的症状具有一定的缓解作用，但这些药物的副作用大，使其应用受到很大限制。人参、红景天、银杏提取物等中药能够提高机体对缺氧的耐受能力，但它们大多数都属于贵重中药或藏药，地理分布局限，资源少价格昂贵，因此难以在大范围内推广使用。目前认为，用于提高耐受力和适应性营养食品的主要成分为多糖、黄酮、皂甙和酚类物质等活性成分，其对于调整机体的有氧代谢、增加ATP的生成、抗疲劳、促进人体对高原低氧环境的适应能力、改善人体在高原低氧环境下的各种器官生理功能状态具有一定作用。普洱茶也含有类似成分，是否也具有同样作用鲜见报道，故开展了此项研究。

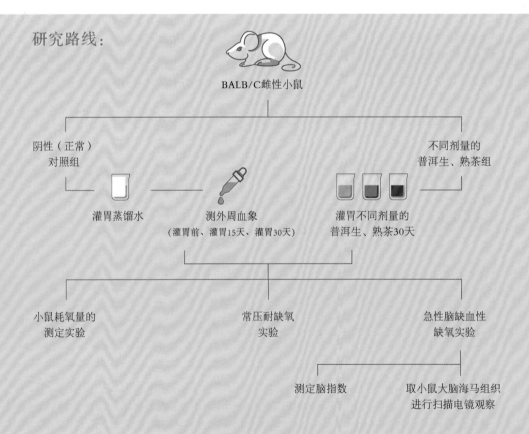

研究路线：

BALB/C雌性小鼠

阴性（正常）对照组   不同剂量的普洱生、熟茶组

灌胃蒸馏水   测外周血象（灌胃前、灌胃15天、灌胃30天）   灌胃不同剂量的普洱生、熟茶30天

小鼠耗氧量的测定实验   常压耐缺氧实验   急性脑缺血性缺氧实验

测定脑指数   取小鼠大脑海马组织进行扫描电镜观察

综合评价普洱茶的耐缺氧功效

试验研究结果：

1. 普洱熟茶可延长试验小鼠在密闭容器中的存活时间

常压耐缺氧试验是将小鼠置于放有钠石灰的密闭容器中，随着呼吸的不断进行，其内部氧气会越来越少，而二氧化碳则因钠石灰的吸收而不会明显增加，结果使小鼠因外环境供氧减少而发生了乏氧性缺氧，表现为竖毛、转圈、后肢向外后方伸直、抽搐、痉挛等，最后因严重缺氧而死亡。

常压耐缺氧试验将小鼠存活时间作为指标，操作中受其他因素的影响较少，小鼠存活时间可以直接反映药物对机体耐缺氧能力的影响，所以对小鼠存活时间的测定具有评价药物耐缺氧作用的意义。本试验结果表明，熟茶中剂量组与对照组相比，存活时间延长了12.45%（图8-1）。

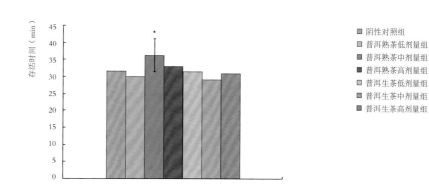

图8-1　常压耐缺氧实验对小鼠存活时间的影响

注：★ 与阴性对照组相比在统计学上有显著性差异（$P < 0.05$），下图均同。

2. 普洱熟茶可缓解小鼠因缺氧而产生的脑水肿

脑水肿是脑组织各种损伤的重要表现，且为急性缺血缺氧性脑损伤的早期主要病理改变，脑水肿的形成又加重了微循环障碍及脑缺血性损伤。脑组织缺氧可引起脑细胞内渗透压增高，细胞肿胀，出现脑水肿；缺氧引起的乳酸蓄积性酸中毒，也会引起细胞内液增多，加重脑水肿的发生，进而导致脑微循环障碍及血脑屏障功能破坏，加重脑水肿，使颅内压增高，脑缺血加重，形成恶性循环。脑缺血可使大量氧自由基产生，后者与细胞膜上不饱和脂肪酸发生反应，形成过氧化脂质，导致细胞损伤破裂、血脑屏障破坏及脑水肿；同时伴有大量渗透性水的摄入而促发和加重脑水肿；脑缺血还可导致血管痉挛，血小板聚集，微循环障碍，从而使脑血流量进一步下降，加剧脑水肿。

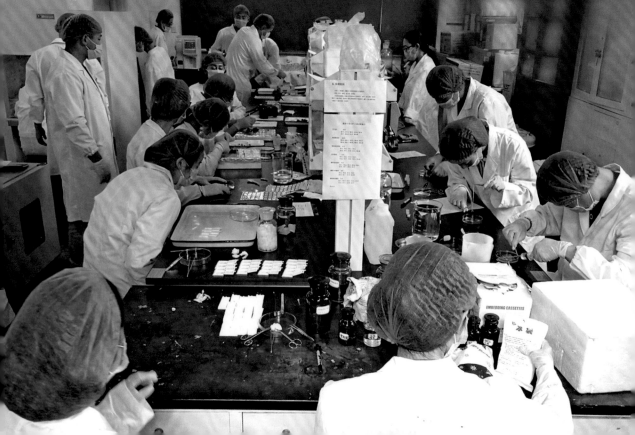

脑指数是反映脑水肿的指标之一，通过测定普洱茶对小鼠脑指数的影响，可以在一定程度上反映小鼠在缺氧条件下的耐受能力。

　　本研究通过常压缺氧试验，观察普洱茶对小鼠脑指数的影响。结果显示，试验小鼠灌胃普洱生茶和普洱熟茶30天后，小鼠脑指数值明显下降，普洱熟茶能显著降低缺氧小鼠的脑指数含量，其中普洱熟茶中剂量的效果最显著（图8-2）。提示普洱熟茶对小鼠因缺氧而产生的脑水肿具有改善作用。

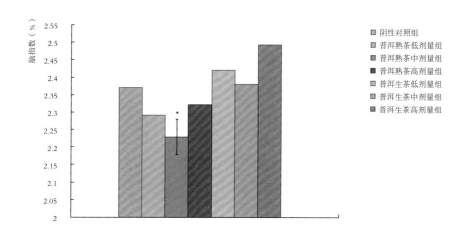

图8-2　普洱茶对缺氧小鼠脑指数的影响

3. 普洱茶可有效提高急性缺氧小鼠脑组织的抗氧化能力

　　正常状态下，自由基生成与自由基清除系统处于动态平衡。机体产生少量的自由基被体内的自由基清除系统如超氧化物歧化酶、维生素C等迅速清除，不至于堆积过多引起组织细胞损伤。但在某些病理条件下，过多的自由基可导致机体损伤。缺血缺氧时，这种平衡受到破坏，机体内自由基清除系统功能下降，使自由基与生物膜的不饱和脂肪酸发生过氧化脂质反应，中枢神经系统富含多价不饱和脂肪酸的脂质，最易受氧自由基的攻击而损伤。

本试验发现，与对照组相比，普洱熟茶高剂量组、生茶（低、中、高）剂量组均可以显著升高抗氧化物质超氧化物歧化酶的活力，其中熟茶高剂量组使缺氧小鼠脑组织超氧化物歧化酶活力升高了25.58%；生茶（低、中、高）剂量组分别升高了27.11%、22.23%、10.50%（图8-3）。

普洱茶可有效清除急性脑缺氧小鼠脑组织中的自由基，抑制自由基反应

与对照组相比，熟茶高剂量组、生茶(低、中、高)剂量组抗氧化物质谷胱甘肽过氧化物质酶（GSH-Px）的活力也显著升高，其中熟茶高剂量组使缺氧小鼠脑组织谷胱甘肽过氧化物质酶活力升高了55.08%；生茶(低、中、高)剂量组分别升高了54.43%、39.39%、24.25%；说明普洱熟茶、普洱生茶能有效清除自由基，抑制自由基反应，有效地提高脑组织抗氧化酶的活力。

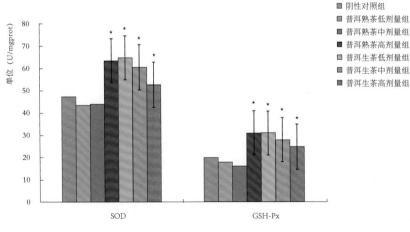

图8-3 普洱茶对小鼠脑组织SOD、GSH-Px活力的影响

试验小鼠脑组织丙二醛（MDA）含量的测定结果显示，试验小鼠灌胃普洱茶后细胞毒性物质丙二醛的含量均低于对照组，其中普洱生茶（低、中）剂量组分别使缺氧小鼠脑组织丙二醛含量降低了35.66%、31.00%。说明灌胃普洱茶能明显降低过氧化脂质含量，抑制缺氧小鼠脑组织脂质过氧化水平的升高（图8-4）。

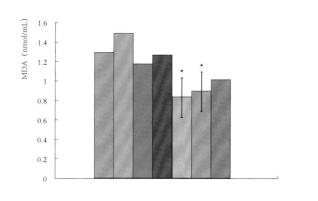

图8-4　普洱茶对小鼠脑组织MDA含量的影响

4. 普洱茶对缺氧缺血损伤试验小鼠大脑海马组织细胞肿胀有明显的改善作用

小鼠海马细胞是对缺氧最为敏感的细胞，海马细胞中含有大量的线粒体、内质网和高尔基体等细胞器，在正常情况下，线粒体一般呈线状、粒状或短杆状，也有呈哑铃状、环状等其他各种结构，其功能主要是提供各种细胞活动所需的化学能量，故有细胞"供能站"之称；内质网是由扁平囊状或管泡状膜性结构，它们以分支互相吻合成为网络，根据表面是否有核糖体又分为粗面内质网和滑面内质网，两者互相连通，其功能主要是合成和分泌蛋白质，以合成分泌白性蛋白为主；高尔基体是由光面膜组成的囊泡系统，在电镜下，高尔基复合体由扁平膜囊、小泡和大泡三个基本部分组成，其功能主要与分泌作用有关。

本试验中，取灌胃各茶样7天和30天小鼠的大脑海马组织进行扫描电镜观察，发现灌胃普洱茶试验组小鼠海马组织细胞器的肿胀情况总体上比对照组有了明显改善；灌胃普洱茶30天的小鼠海马组织细胞与灌胃7天的小鼠细胞形态没有明显的区别；通过细胞器观察发现，灌胃7天的小鼠细胞器肿胀程度比灌胃30天的细胞器肿胀更明显，说明普洱茶及其主要成分对灌胃30天的小鼠因缺氧缺血损伤有明显的改善作用（图8-5）。

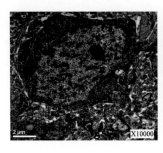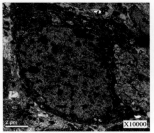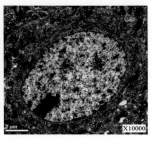

| 7 天对照组 | 30 天对照组 | 30 天普洱熟茶组 |

图8-5　各试验组小鼠海马组织细胞器扫描电镜图（X10000）

　　本研究首次对普洱熟茶、普洱生茶的耐缺氧作用进行了探索研究，按照《保健食品检验与评价技术规范》的要求，主要针对各茶样的耐缺氧作用功能特性进行试验和研究，并综合分析了各茶样对BABL/C小鼠脂质过氧化水平的影响。

　　研究结果显示，普洱茶可明显延长试验小鼠在密闭容器中的存活时间，缓解小鼠因缺氧而产生的脑水肿，有效提高急性缺氧小鼠脑组织抗氧化酶的活力，对缺氧缺血损伤试验小鼠的某些组织细胞有明显改善作用。

本研究主要完成单位：云南农业大学

茶 事 典 故

在清代，各地运送贡品的马队来到京城后，便在西华门外等候。贡品进单呈进宫中，由皇帝过目，满意的画上圈，皇帝不要的，由太监画叉退回。来自普洱府的普洱茶从来都是皇帝御笔圈点的宠物，而这个圈便是皇上御用的标志。普洱茶没有一次被画叉出局。

—— 引自黄雁《龙团春秋》

——引自《普洱茶连环画》

茶 疗 茶 方

百 部 止 嗽 茶

【来源】清·程国彭《医学心悟》
【组成】百部3克　白前3克　桔梗3克　紫菀3克
　　　　橘红3克　绿茶5克
【功效】宣肺止咳
【主治】适用于寒邪侵于皮毛、肺失宣降、咳嗽不止者
【用法用量】300毫升开水冲泡后饮用，冲饮至味淡

科学饮茶

Q: 饮茶为什么能提神？

饮茶能提神，因为茶叶中的咖啡碱对人的大脑皮层和肌肉伸缩有较强的刺激作用，能提高中枢神经的敏感性，缩短反应时间，增强思维意识，减轻神经疲劳，达到提高工作效率的目的。

Q: 饮茶为什么能明目？

茶叶中含有大量丰富的维生素，其中维生素C、维生素E，以及B族维生素，对开窍明目具有一定作用。眼睛里的晶状体，对维生素C的需求量比其他组织高。眼科专家认为，维生素C摄入量不足易导致晶状体混浊而患白内障；维生素E对眼底视网膜、视神经具有营养和增强通透性的作用。茶中的胡萝卜素在人体内可转化为维生素A，因此，饮茶能起到明目的作用。

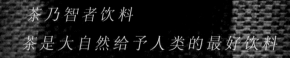

"
茶乃智者饮料
茶是大自然给予人类的最好饮料
"

普洱茶
抗疲劳功效

普洱茶可以增强小鼠的运动耐力；

普洱茶可显著降低运动小鼠血乳酸和血尿素氮水平，提高机体对负荷的适应性；

普洱茶可显著升高运动小鼠肌肉组织中的乳酸脱氢酶活力，清除肌肉中过多的乳酸，减少运动中乳酸的生成，具有延缓和消除疲劳的作用；

普洱茶能够维持运动后小鼠的肝糖原和肌糖原含量，从而为机体提供较好的能量储备，减少疲劳的产生。

第九章
普洱茶抗疲劳功效

什么是疲劳

随着社会的飞速发展与进步，亚健康也越来越受到更多人的关注。亚健康虽有众多的临床表现，但最主要最常见的症状是疲劳。疲劳是机体在一定条件下，由于长时间或过度紧张的体力或脑力活动而引起的劳动效率下降的状态，产生机制涉及诸多的环节，包括能量耗竭学说、代谢产物堆积学说、离子代谢紊乱学说以及氧自由基－脂质过氧化学说、内分泌机能失调学说、保护性抑制学说和突变理论等。现代社会生活节奏不断加快，人们的工作、生活和学习压力越来越大，持久或过度劳累后造成的身体不适及工作效率减退，也就是疲劳感。

疲劳产生的主要原因

由于现在社会的各种压力，慢性疲劳已成为困扰人类正常工作和生活的一种疾病现象。它产生的原因有很多，如办公族长期工作和加班、长期进行脑力或者是体力劳动、饮食不规律、长期睡眠不足、运动量减少、不良生活习惯（熬夜以及抽烟、喝酒）等。

疲劳的主要危害

疲劳是一种复杂的生理现象,可引起运动员运动能力降低,对一般人群而言可导致工作效率降低、差错事故增多。疲劳发生后如果得不到及时的恢复,逐渐积累,还会导致"过劳",出现"过度训练综合征""慢性疲劳综合征"等,使机体发生内分泌紊乱、免疫力下降,甚至出现器质性病变,成为威胁人类健康的重要因素。

疲劳可分为体力疲劳和精神疲劳。慢性疲劳已成为困扰人类正常工作和生活的一种疾病现象。体力疲劳即运动性疲劳,指由机体运动所引起的机体生理机能不能保持在正常水平上或不能维持其原有的运动强度,而表现出机体运动能力下降的现象;精神疲劳指脑力劳动在一定条件下产生的疲劳,主要表现为厌倦、心情烦躁、记忆力下降、思维迟钝、反应迟缓。

普洱茶抗疲劳作用的研究

疲劳是一个涉及许多生理生化因素的综合性的生理过程,是人体脑力或体力活动到一定阶段时必然出现的一种正常的生理现象,它既标志着机体原有工作能力的暂时下降,又可能是机体发展到伤病状态的一个先兆。长期以来,众多学者期望能寻找到一种安全、有效、无毒副作用的良方来延缓疲劳的发生和加速疲劳的消除。而茶叶中的咖啡碱有"提神解乏,明目利尿,消暑清热"的功能,具有广阔的开发前景,但关于茶叶抗疲劳方面的研究资料甚少。因此,本课题组在对普洱茶的降血脂、降血糖、抗氧化、抗动脉粥样硬化等研究基础上,开展了普洱茶抗疲劳研究。

研究路线：

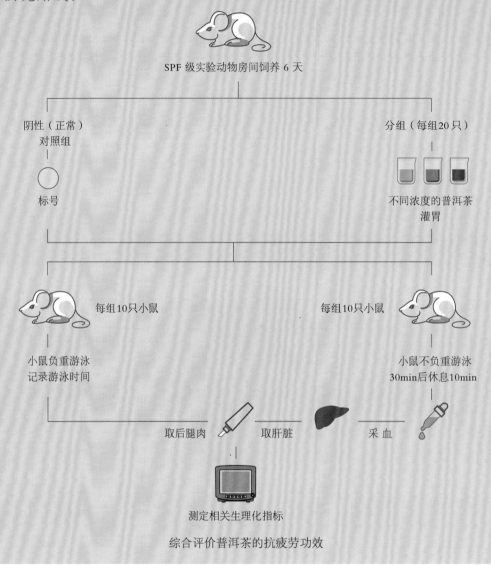

SPF 级实验动物房间饲养 6 天

阴性（正常）
对照组

分组（每组20只）

标号

不同浓度的普洱茶
灌胃

每组10只小鼠

每组10只小鼠

小鼠负重游泳
记录游泳时间

小鼠不负重游泳
30min后休息10min

取后腿肉　　取肝脏　　采血

测定相关生理化指标

综合评价普洱茶的抗疲劳功效

试验研究结果：

1. 普洱茶可增强试验小鼠的耐力

剧烈的运动消耗大量的能量和氧气，同时产生大量乳酸。疲劳的最直接和最客观的表现是运动耐力的下降，而力竭游泳时间一直以来被作为反映耐力的重要指标。小鼠负重游泳时间是抗疲劳作用的直接反应，与抗疲劳效果成正相关。本试验发现，试验小鼠灌胃普洱茶30天后负重游泳时间较一般小鼠显著延长，说明普洱茶能显著延长小鼠的负重游泳时间（图9-1）。

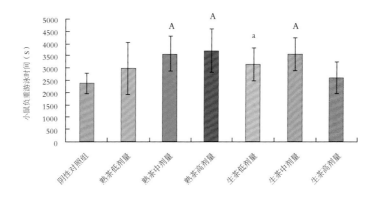

图9-1　普洱茶对小鼠负重游泳时间的影响

注：与空白对照组比较：a表示$P<0.05$，A表示$P<0.01$，下图均同。

2. 普洱茶可延缓疲劳产生，提高机体对负荷的适应性

　　长时间的剧烈运动将导致机体相对缺氧和糖酵解作用加快，进而产生大量的乳酸。乳酸浓度增加使肌肉H^+和无机磷堆积，导致肌肉组织内的pH值下降。而肌肉组织的pH值降低是导致疲劳产生的一个主要因素（比如运动后感觉到腿部酸软）。因此，血清乳酸水平也是反映机体有氧代谢能力和疲劳程度的重要指标。本研究结果显示，灌胃普洱茶30天的试验小鼠，运动后血清乳酸水平(BLA)均显著低于一般小鼠（阴性对照组），说明普洱生茶和熟茶均可通过减少运动过程中血液乳酸的生成，达到延缓疲劳产生的效果（图9-2）。

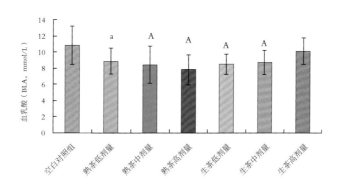

图9-2　普洱茶对运动后小鼠BLA含量的影响

机体在运动时，体内能量平衡遭到破坏，肌糖原消耗，血糖降低，蛋白质及氨基酸的分解代谢加强。机体对负荷适应能力越差，血尿素氮(BUN)增加越明显，机体血尿素氮含量随运动负荷的增加而增加。本试验发现，灌胃普洱茶30天的试验小鼠，运动后血尿素氮水平均显著低于一般小鼠（阴性对照组），说明普洱生茶和普洱熟茶均可以提高机体对负荷的适应性，达到抗疲劳的效果（图9-3）。

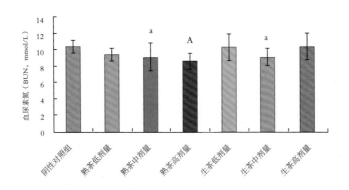

图9-3 普洱茶对运动后小鼠BUN含量的影响

乳酸脱氢酶（LDH）能催化乳酸生成丙酮酸进行进一步的代谢转变，清除肌肉中过多的乳酸，可延缓和消除疲劳。动物体内乳酸脱氢酶活力越高，则抗疲劳能力越强。本研究结果表明，灌胃普洱茶30天的试验小鼠，运动后肌肉组织中的乳酸脱氢酶活力均显著高于一般试验小鼠（阴性对照组）。说明普洱生茶和普洱熟茶均可通过提高运动中试验动物肌肉组织中的乳酸脱氢酶活性，达到抗疲劳的效果（图9-4）。

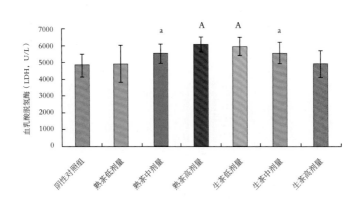

图9-4 普洱茶对运动后小鼠LDH活性的影响

3. 普洱茶能为机体的运动提供较好的能量储备，减少疲劳的产生

　　糖原是肌肉组织的重要能量来源。体内的糖储备包括肌糖原、肝糖原和血糖三类，大于1小时的运动如长跑、长距离游泳等，可使体内糖储备耗竭。而糖原耗竭可影响运动能力，特别是耐久力。大量的研究表明运动导致的体力衰竭总是和肌糖原的耗竭同时发生的。随着肌糖原消耗的不断增加，机体为维持血糖水平，将动用肝糖原而导致肝糖原减少。因此，肝糖原和肌糖原的含量是反映疲劳程度的敏感指标。本研究结果显示，灌胃普洱茶30天的试验小鼠，运动后肌肉组织中的肝糖原（LG）和肌糖原（MG）均显著高于一般试验小鼠（阴性对照组），提示普洱生茶和熟茶均能够维持运动后小鼠的肝糖原和肌糖原含量，从而为机体提供较好的能量储备（图9-5，图9-6）。

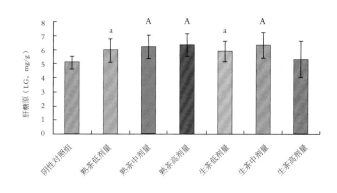

图9-5　普洱茶对运动后小鼠LG含量的影响

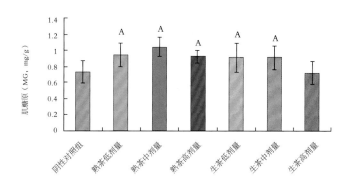

图9-6　普洱茶对运动后小鼠MG含量的影响

普洱茶抗疲劳的优势分析

根据《保健食品功能学评价程序和检验方法》，若一项或一项以上的耐力运动实验（负重游泳和爬杆）和两项或两项以上的生化指标（血乳酸、血清尿素氮、肝/肌糖原等）为阳性，即可判定受试物具有抗疲劳活性。因此，本研究可判定普洱熟茶和普洱生茶均具有明显的抗疲劳作用。

本研究结果显示，普洱茶能显著地延长小鼠负重游泳时间，这说明普洱茶可以增强小鼠的运动耐力。同时，运动后普洱茶处理组小鼠的血乳酸(BLA)、血尿素氮(BUN)水平显著低于一般试验小鼠（阴性对照组），而血乳酸脱氢酶(LDH)水平显著高于一般试验小鼠（阴性对照组），这说明普洱茶可能通过增强血乳酸脱氢酶(LDH)活力，清除肌肉中过多的乳酸，从而减少运动中乳酸的生成，伴随着尿素氮生成的减少，机体对负荷的适应性提高，达到延缓疲劳产生的效果。此外，普洱茶处理组小鼠运动后肝糖原和肌糖原含量均显著高于一般试验小鼠（阴性对照组），提示普洱茶能够维持运动后小鼠的肝糖原和肌糖原含量，从而为机体提供较好的能量储备。但普洱茶是通过增加肝、肌糖原储备，还是通过减少运动时对肝、肌糖原的消耗，或者两者兼有之，仍有待进一步研究。另外，在本研究中还发现：普洱熟茶中、高剂量组和普洱生茶低、中剂量组小鼠毛发光泽、动作敏捷，且普洱茶同时具有显著地控制小鼠体重增长的作用，推测小鼠的体型和精神状态也与其抗疲劳能力有密切关系。

有研究人员提出乌龙茶具有很好的抗疲劳效果，其物质基础可能是茶氨酸、咖啡碱等；另有研究表明，黑木耳多糖粗品与纯品能够延缓疲劳的产生和加速疲劳的消除以及大豆异黄酮与大豆皂苷抗疲劳作用的研究等，说明多糖类、多酚类物质均有抗疲劳作用，这些物质也都存在于普洱茶中。此外，本课题组前期的研究表明，普洱茶还具有良好的体内、外抗氧化活性，可显著提高体内抗氧化系统的酶活力，增强体内抗氧化防护能力，清除体内氧自由基，防止细胞膜脂质过氧化，有效预防动物细胞的自由基损伤。

普洱茶抗疲劳的机制可能与抗氧化、改善机体物质代谢及提高机体有氧代谢能力有关，但具体机制尚需进一步研究。

本研究主要完成单位：云南农业大学

数据解码 普洱茶功效

普洱茶除了成为皇帝享用的御品、宫中祭祀的最高用茶之外，也是清代外交斡旋的国礼，成为代表朝廷成议的国茶。清乾隆57年，即公元1792年，英国国王派马嘎尔尼勋爵为首的觐见团一行95人前来祝贺乾隆帝80大寿。作为礼节，乾隆帝3次回赠了英国国王乔治三世礼物，其中，普洱茶共计88团，普洱茶膏共计14盒。后来皇帝还用普洱茶赏赐高丽、琉球等藩国使臣。

—— 引自黄雁《龙团春秋》

—— 引自《普洱茶连环画》

二 防茶

【来源】唐·孙思邈《千金方》

【组成】防己5克　　防风3克　　冬葵子3克　　花茶3克

【功效】利水消滞

【主治】小便涩滞不利、浮肿

【用法用量】用250毫升开水冲泡后饮用，冲饮至味淡

Q：饮茶为什么能除口臭？

如不注意口腔卫生，使存留在口腔内的食物发酵，产生酸性物质，对牙齿釉质有腐蚀作用，久之则产生空洞，即龋齿。细菌的作用和食物发酵，均可产生难闻的气味；有些人患有消化不良时，也可发生口臭。饮茶可以抑制细菌生长繁殖。即使已经发生口臭，饮茶也起到消除臭味的作用。茶能帮助消化吸收，更能防止或消除由于消化不良引起的口臭。

"

饮茶"十德":

以茶散郁气;以茶驱睡气;以茶养生气;以茶除病气;
以茶利礼仁;以茶表敬意;以茶尝滋味;以茶养身体;
以茶可行道;以茶可雅志。

"

唐·刘贞亮

第十章

普洱茶
抗免疫衰老功效

导读 /

普洱茶有助于改善衰老机体由于初始T细胞下降所带来的各种免疫力低下的问题；

长期饮用普洱茶可以增强老年机体对于肿瘤的防御作用，可以降低肿瘤的发病率；

普洱茶可使老年机体外周血NK细胞的数量显著增加，使其对肿瘤和感染性疾病的抵抗作用明显加强；

普洱茶可增加老化鼠调节性T细胞的比例，有助于抑制老年机体自身免疫损伤或过度炎症所造成的损害；

普洱茶可极显著降低衰老机体体内的炎性因子，有效减少各种慢性炎症性疾病的发生率。

因此，普洱茶具有抗免疫衰老的功效。

第十章

普洱茶抗免疫衰老功效

什么是老年人免疫衰老

伴随衰老，人类机体出现进行性的免疫衰退现象，表现为老年人群易患感染、癌症，并对预防接种反应低下，这一现象被称为免疫衰老。

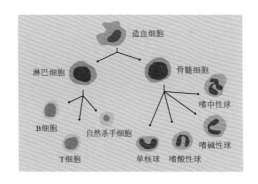

老年人易患免疫衰老的主要原因

是什么原因导致老年人群易发生免疫功能下降？其核心的原因就是老年人体内抗感染抗肿瘤的"武器弹药"缺少，而且质量下降。

人体对抗外来的病原体与内源性的癌细胞，都需要有"武器弹药"，主要包括T淋巴细胞、B淋巴细胞以及多种多样的巨噬细胞。T淋巴细胞相当于"弹道导弹"，具有定向、专一的特点。而多种多样的巨噬细胞为非特异性的"炸弹"。

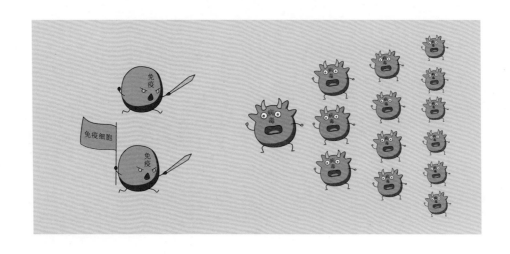

人体内抗感染抗肿瘤的"定向炸弹"是多个器官经过一系列复杂的过程生产出来的。最初形式为骨髓的造血细胞，经血流到胸腺后，经过胸腺的加工处理，变成初始性T细胞，它是未接受过任何抗原刺激的T细胞，它的功能是接受新入侵病原体或免疫接种抗原的刺激而增殖活化，转变为专一的"弹道导弹"，即效应T细胞，其作用是对抗并清除病原体。当病原体被清除后，大部分效应T细胞通过凋亡而随之消失，而留下少部分效应T细胞，在体内长期生存，当机体再次遭受相同抗原刺激时产生快速应答，这部分细胞被称为记忆T细胞。记忆T细胞的功能是让机体快速识别以往进入人体的病原体，并尽快清除。医学生物学家通过淋巴细胞表面抗体标记特定细胞表型的方法，对人体、猴子、小鼠以及各种动物进行研究，结果一致显示，衰老机体表现为外周血循环中的初始T细胞逐渐减少或丧失，与此同时记忆T细胞却大量积聚增多。换句话说，就是针对新感染的"定向弹道导弹"减少了，而针对以往发生的感染的细胞相对增多了。所以，新的病原体侵入老年人体后，机体缺少"弹药"，因而感染易于发生，肿瘤易于扩散，预防接种不起作用。

老年人免疫衰老的主要危害

中国社会科学院2017年12月发布《社会蓝皮书：2017年中国社会形势分析与预测》。蓝皮书指出，2017年我国60岁及以上老年人口2.4亿，占总人口的17.3%。老年人口的剧增不可避免地给当代社会的经济和医疗保障系统带来前所未有的挑战。因为，导致人类致残、致死的主要疾患均为老年性疾病。例如，老年人由于免疫功能的减退，易患感染和肿瘤，由于对预防接种反应低下导致患病后往往病情严重，不宜控制。另外，老年人由炎性反应过亢或炎症过程参与的疾病，如自身免疫性疾病、动脉粥样硬化性疾病、神经退行性疾病（阿尔茨海默病、帕金森病等）发病率均随增龄大幅升高。

延缓老年人群的免疫退变的途径

在现代医学中，有两种途径被明确证明能够延缓老年人群的免疫退变。第一种途径为热量限制，摄食热量限制不仅可以延长人类的寿命，还可以延长小鼠、大鼠、线虫、果蝇以及猴子等多种动物的寿命，同时延缓人类多种老年病的发病与进程。在延长动物寿命的同时，摄食热量限制可显著对抗免疫衰老的变化。如小鼠在3月龄时就开始限制热量的摄入，可稳定维持外周血和脾中的初始性T细胞数目，直到30月龄。大量的研究证明，经受摄食热量限制的动物胸腺细胞的输出增多，同时T细胞的数量及活性也增高。

第二种途径为抗氧化应激。迄今为止，抗氧化剂应用于抗衰老或抗衰老免疫的研究已有大量的报道。其中，维生素E是一种典型的抗氧化剂。经过老年人群和老年小鼠试验发现，维生素E能够显著增强老年机体的免疫功能，表现为老年人对乙肝免疫接种的反应性增高，对多种呼吸道细菌和病毒感染的抵抗力增强。维生素E虽然未影响初始T细胞的发育形成，但明显加强了初始T细胞的功能。事实上，普洱茶中含有种类多样的抗氧化应激物质，经试验验证其作用强度类似甚至强于维生素E。

其他的手段目前还停留在实验室研究阶段，还未在临床研究中得到验证。

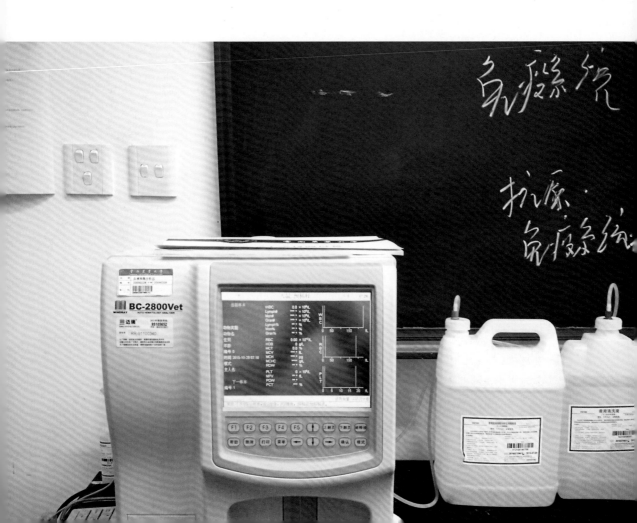

普洱茶对抗免疫衰老作用的研究

现代研究显示，普洱茶中含有多种茶多酚类与多糖类化合物。这些物质具有抗氧化与抗炎等多重生物活性。现代生物学研究证明，炎症与氧化应激不仅是衰老及老年病的基础病理机制，也是作为老年人群易发生感染与肿瘤的主要病理机制。

目前对于普洱茶功效的研究主要针对非衰老的实验动物，而实际应用过程中，普洱茶提取物对老年人群也具有多方面的保健功效，然而对老年人群的保健作用至今未获得科学的阐明。为了数据解码普洱茶的保健功效，特别是对衰老以及老年常见病患者的保健作用进行研究证明，本研究围绕普洱茶对于老年人群的衰老免疫的调节功能以及作用机理进行了系列研究，目的在于阐明其保健功能并探讨其作用机理，有关研究迄今未见系统报道，本研究属首次。

研究路线：

青年小鼠：SAM-R1

老年小鼠：SAM-P8
8 月龄快速老化亚系雄性小鼠

分组

SAM-P8

60 只SAM-P8

灌胃蒸馏水
28 天

灌胃蒸馏水
28 天

灌胃不同剂量的
普洱茶 28 天

采血 —— 检测与衰老有关的血清淋巴因子
血液淋巴细胞亚群体的流式细胞分析

综合评价普洱茶的抗免疫衰老功效

试验研究结果：

普洱茶含有多种抗氧化应激的物质，在本研究中，普洱茶连续应用可延缓衰老免疫的核心环节——即延缓衰老初始T细胞与记忆T细胞的变化，增加抗感染的"武器库"。结论如下：

1. 普洱茶可增加老化鼠抗感染的"武器库"

初始T细胞是一类人体的获得性免疫系统的主要T淋巴细胞。当这种T淋巴细胞与侵入人体的细菌、病毒以及人体内部的肿瘤细胞接触后，分化为效应性T淋巴细胞，启动细胞免疫与体液免疫系统。因此，初始性T细胞是人体对抗新入侵病原体的"武器库"。初始T淋巴细胞的多少直接与抗病能力有关，健康的青年人体能够生产足够的"武器弹药"。然而，老年人群、骨髓胸腺异常的患者、体弱多病、反复感染的人群，或者接受放射治疗或者化疗的肿瘤患者人群的初始T细胞数量大量下降，这些人群由于缺乏抗感染的可支配使用的"武器弹药"，与病毒、细菌等各种病原微生物接触后，极易感染发病。通过民间观察，长期饮用普洱茶的人群，较少发生感染。《滇南本草》记载："滇中茶叶，主治下气消食，祛痰除热，解烦渴，并解大头瘟，天行时症，此茶之巨功，人每以其近而忽视之。"提示普洱茶具有抗感染的作用。

本试验表明：免疫衰老鼠（P8）外周血液中初始T细胞的数量低于青年鼠（R1），饮用普洱茶后，这些老化鼠外周血液的初始T细胞数量显著升高，说明身体的可供使用的免疫细胞增多，抗感染抗肿瘤的有生力量增强（图10-1），提示普洱茶有助于改善衰老动物与人群由于初始T细胞下降所带来的各种免疫力低下的问题。普洱茶含有多种抗氧化应激的物质，在本研究中，普洱茶连续应用，延缓了衰老免疫的核心环节——即延缓衰老初始T细胞与记忆T细胞的变化，增加了抗感染的"武器库"。

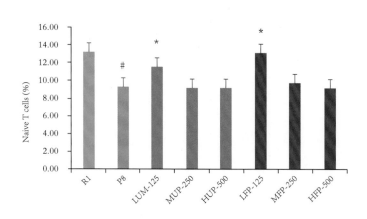

图10-1 普洱茶对老化鼠外周血初始性T细胞比例的影响

注：实验设置青年对照组（R1小鼠）、老化对照组（P8小鼠）和普洱茶灌胃组（P8小鼠），其中普洱茶灌胃组分为低剂量普洱生茶组[LUP, 125mg/(kg·bw)]、中剂量普洱生茶组[MUP, 250mg/(kg·bw)]、高剂量普洱生茶组[HUP, 500mg/(kg·bw)]、低剂量普洱熟茶组[LFP, 125mg/(kg·bw)]、中剂量普洱熟茶组[MFP, 250mg/(kg·bw)]、高剂量普洱熟茶组[HFP, 500mg/(kg·bw)]。采用经口灌胃，每只0.5mL/d的方式，连续灌胃28天。眼眶取血后，用淋巴细胞表面抗体标记后，流式细胞检测分析（下图均同）。老化鼠组与青年鼠组相比，＃：$P < 0.05$；普洱茶灌胃组与老化鼠组相比，＊：$P < 0.05$。

2. 普洱茶通过"吐故纳新"，更新老化鼠抗感染的"武器弹药"

当病原微生物或癌细胞被清除后，大量活化的效应T淋巴细胞将通过凋亡被清除，而少量的T淋巴细胞则转化为记忆性T淋巴细胞。记忆性T淋巴细胞的主要功能是当同种病原体再次入侵时，快速增殖，短时间内募集了大量的活性T淋巴细胞，快速攻击病原体。然而，老年人体由于反复感染，日积月累，不同的记忆性T淋巴细胞积聚在外周血液中。这些细胞占据了外周血的空间，阻止了新生的初始性T细胞进入血液，这相当于"陈旧"的细胞挤占了"新鲜"细胞的空间，即老年人"吐故纳新"的功能不足，导致其易于发生感染或肿瘤。

本试验发现，老化鼠（P8）血液中的记忆性T细胞在血淋巴细胞中所占的比例明显高于青年鼠（R1）。灌胃普洱生茶和熟茶后，老化鼠血淋巴细胞中的记忆性T细胞比例明显下降（图10-2），说明普洱茶可通过增加老化鼠体内"吐故纳新"的能力，更新老化鼠抗感染的细胞。

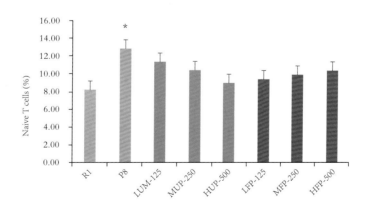

图10-2　普洱茶对老化鼠外周血记忆性T细胞比例的影响

注：普洱茶灌胃组与老化相比，＊：$P < 0.05$

3. 普洱茶可改善老化鼠抗感染"武器弹药"的质量

抗感染与抗肿瘤不仅仅取决于"武器弹药"的多少，更重要的是与"武器弹药"的质量有关。当初始T细胞遇到经过处理的抗原后（病原体经DC细胞处理后），是否能够变成活化的，杀伤力强大的效应T细胞需要复杂的加工过程。老年人不仅可用的抗感染细胞少，而且细胞很难活化，即使最后激活了，但活性很低，不足以杀菌、杀病毒或杀肿瘤细胞，本试验证明了这一现象。但老化鼠连续饮用普洱茶后，初始T细胞的活化大大加强（图10-1）。

 长期饮用普洱茶可以增强老化鼠对于肿瘤的防御作用，降低肿瘤的发病率

在抗感染与抗肿瘤免疫反应中，除了体液免疫以外，主要通过细胞免疫反应来完成，其中活化的T细胞亚群起主导作用。CD8+CD28+T细胞是一类细胞毒性T细胞（简称CTL），在抗肿瘤免疫与抗病毒免疫中发挥着重要的作用。细胞毒性T细胞能够通过直接接触、破坏、分解靶细胞达到杀灭消除癌细胞、病毒以及许多病原微生物的目的，经过活化的这类细胞毒性T细胞能够对肿瘤细胞及病毒产生强大的杀伤能力。

老年人体内这类细胞毒性T细胞显著下降，影响了老年人对自身肿瘤的防御能力以及抗病毒感染的能力。本研究通过对老化鼠灌胃普洱茶水提取物，发现这类细胞毒性T细胞的量显著增加，特别是灌胃了高剂量的普洱熟茶之后，老化鼠体内的这类细胞的数量增加更为明显。这个试验结果提示，长期饮用普洱茶可以增强老化鼠对于肿瘤的防御作用，降低老化鼠肿瘤的发病率（图10-3）。

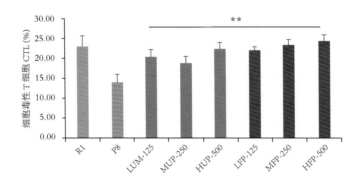

图10-3　普洱茶对快速老化鼠外周血细胞毒性T细胞含量的影响

注：普洱茶灌胃组与老化组相比，＊＊：$P < 0.01$。

4. 普洱茶可增加老化鼠"安全监控部队"—— 自然杀伤细胞NK细胞的数量

人体内部存在一个"安全部队"，其职能是监控人体各个部分，当有外敌（病菌或病毒）入侵时，进行快速反应，先行发起攻击，当有内部腐败分子（癌细胞）时，与癌细胞结合，吞噬癌细胞，并与癌细胞或病菌同归于尽（分解消失），这个"安全部队"最主要的成员就是自然杀伤细胞（NK细胞）。

自然杀伤细胞是先天性免疫系统的重要组成部分，是机体防御感染和细胞恶性转化的重要效应细胞和调节细胞。它在抗肿瘤与抗病毒免疫治疗中发挥着重要作用，这类免疫细胞的功能随着年龄的增加而逐渐降低，导致老年人身体免疫系统功能的减退，使得机体对肿瘤细胞的杀伤作用大大降低。在本试验中发现，与青年鼠相比，老化鼠血液中NK细胞显著降低，灌胃普洱生茶和普洱熟茶之后，老化鼠外周血NK细胞的数量大大增加，机体对于肿瘤和感染性疾病的抵抗作用也得到明显加强（图10-4）。

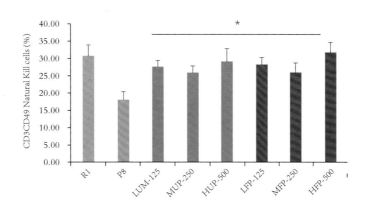

图10-4 普洱茶对老化鼠外周血自然杀伤细胞比例的影响

注：普洱茶灌胃组与老化鼠相比，＊：$P < 0.05$。

5. 普洱茶可抑制老化鼠过度免疫反应造成的机体损伤

人体内部除了有"法院"，还有"检察院"系统，其主要的职能是预防"冤假错案"。人体"检察院"的主要成分是调节性T细胞。当人体的免疫系统针对自身成分发起攻击（自身免疫病），或发生过度免疫反应（过敏反应），或造成无关组织损伤（炎症）时，发生了一系列"冤假错案"，机体启动"检察院"系统，即唤醒调节性T细胞，抑制"冤假错案"的发生。

人体内部对于免疫功能具有精细的调节系统。一方面，需要促进免疫功能以对付感染与肿瘤；另一方面，需要抑制过度的、针对自身的免疫反应，防止自身免疫反应或过度亢进的免疫炎症反应所导致的自身组织的损伤，如抑制自身免疫病。不少老年人备受自身免疫病的折磨，如风湿性关节炎、类风湿性关节炎、慢性结肠炎等是使老年人致残的一类主要原因。血液中的调节性T细胞是抑制体内过度免疫反应或过度炎症反应的主要细胞。根据研究，增加血液中调节性T细胞的数量能够显著减少自身免疫病的发病。

本研究结果显示，老化鼠（P8）血液中的调节性T细胞在外周血淋巴细胞中所占的比例与青年鼠（R1）无明显区别，灌胃普洱茶后，老化鼠调节T细胞在外周血淋巴细胞中所占的比例显著增高（图10-5），说明普洱茶具有增高老化鼠调节性T细胞比例的功效，有助于抑制老年机体自身免疫损伤或过度炎症所造成的损害。

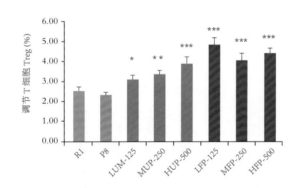

图10-5　普洱茶对快速老化鼠外周血调节性T细胞比例的影响

注：普洱茶灌胃组与老化鼠相比，＊－＊＊：$P < 0.05\sim0.01$；＊＊＊：$P < 0.001$。

6. 普洱茶可抑制老化鼠免疫反应造成的潜伏损伤 ——"炎症"

众所周知，战争会给发生战争的地点造成巨大的破坏，人体也不例外。发生免疫反应后，会给发生免疫反应的组织带来损伤。当然组织会自动修复这些创伤，但也会留下瘢痕，日积月累，对组织的损伤就会显现出来。这个过程人们虽然大多无法看到，但可以通过一些生物标记物来发现。如IL-6就是机体发生炎症损伤后释放的因子，通过这个因子，可以检测人体内部发生潜伏的"炎症"。

IL-6是一种炎性因子，它的存在能够引起发热和各种慢性的炎性症状。由于老年人免疫能力的下降，这类炎性因子在老年人体内逐渐升高，从而引起各种急慢性的炎症，如类风湿性关节炎，甲状腺炎等，严重地影响了老年人的身体健康。老化鼠（P8）体内炎性因子含量比青年鼠（R1）高出10倍左右，但是灌胃了普洱茶之后，老化鼠体内的炎性因子的含量极显著降低，显著减少了各种慢性炎症性疾病的发生率（图10-6）。

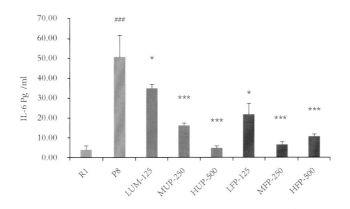

图10-6　普洱茶对快速老化鼠外周血白细胞介素-6含量的影响

注：老化鼠与青年鼠相比，### : $P < 0.001$。普洱茶灌胃组与老化鼠相比，* : $P < 0.05$；*** : $P < 0.001$。

普洱茶应用于抗老年人免疫低下的优势分析

老年人出现的免疫功能低下涉及多个系统、多种细胞、多种因子以及多种基因，是一个非常复杂的过程。现代生物医学专家对此领域进行了大量的工作，然而，迄今为止，仍然没有实质上的进展，没有安全有效的手段应用于临床。即从表面上来看，衰老的免疫缺陷（免疫反应低下）与衰老的慢性炎症两种状态互相矛盾，但这两者之间存在内在的联系，即导致免疫缺陷的因素也可能导致慢性炎症的产生，导致慢性炎症的因素可能加剧免疫缺陷的程度。这两种状态并存的事实提示研究人员，单纯的免疫促进或单纯的抗炎干预可能并不是理想的抗衰老免疫的策略。将免疫促进与抗炎结合起来，可能会提高或优化目前的抗衰老免疫的效果。

普洱茶为什么能够提高老年机体的免疫能力？通过本项研究具有如下特点：

（1）普洱茶中含有多种抗氧化应激的物质，如不同的多酚类物质、茶叶色素，这些物质被证明可有效对抗衰老引起的氧化应激。同时，普洱茶还含有多糖类物质，这些物质被证明能够刺激体内淋巴细胞的增殖。此外，普洱茶中还有一些抗炎类物质，如黄酮类，环烯醚萜类物质，这些物质也被证明具有较强的抗炎作用，特别适合于老年潜伏性的炎症。提示，普洱茶的多种物质分别有益于老年机体的某一方面的异常，这些物质的组合（即普洱茶）则显示出增强或相加的作用，即"1+1+1>3"的作用。这是在西药中很难找到的例子。

（2）众所周知，衰老免疫是一个长期的退化过程，要想一朝一夕得到解决不太可能。纯粹的化学物质（西药的主要形式），即使无毒或低毒，也不适于长期服用。普洱茶可长期饮用，老年人群也能够接受长期饮用，适于免疫力低下的老年人长期饮用。

（3）事实上，现代医学也发现了快速抗免疫衰老的手段，即通过骨髓或胸腺移植的手段迅速逆转老年免疫异常，但临床应用后，发现给老年人带来的害处远远大于益处，所以被迫停止。

（4）普洱茶在衰老免疫领域有大量的工作需要完成。特别是需要深化现有的研究。例如，普洱茶不同组分的组合是如何配合完成抗衰老免疫的？它们分别作用于哪些靶位？哪些成分影响了淋巴细胞的生产？如何优化普洱茶的作用，突显其有益功效？希望通过不断研究，能够应用饮茶这种简单方式来解决人类的大麻烦。

普洱茶含有多种抗氧化应激的物质，在本研究中，普洱茶连续应用可延缓衰老免疫的核心环节——即延缓衰老初始T细胞与记忆T细胞的变化，增加抗感染的"武器库"。

本研究主要完成单位：北京大学医学部
　　　　　　　　　　　云南农业大学

茶事典故

或许是普洱茶的美味甘醇打动了清朝王室，或许是来自东北的满族统治者钟情于普洱茶"消积食、去胀满、克牛羊毒"的功效。自雍正年间开始，普洱茶正式入册上贡清廷御用。此后的两百多年里，普洱茶的身价一路飙升，成为王公贵族争相追捧的茶中至尊。

—— 引自黄雁《龙团春秋》

—— 引自《普洱茶连环画》

茶疗茶方

通汗煎

【来源】清·李文炳《仙拈集》
【组成】生姜1两　葱白（连须）7根　茶叶1撮　黑糖3钱
【功效】发汗解表
【主治】伤寒感冒
【用法用量】水煎3碗，热服。盖被出汗，即愈。如无汗，以葱汤催之，然亦不可太过

Q: 饮茶为什么能延缓衰老？

医学科学家研究认为，生物的衰老和死亡源于细胞的损伤和死亡。人体自然衰老与退行性疾病的发生过程，都伴随着细胞受氧自由基的氧化损害，造成组织器官和生物大分子的损伤。利用抗氧化剂预防或消除自由基所造成的氧化损伤，是预防和阻断癌症及心血管疾病发展的有效方法。茶叶中的茶多酚、茶色素等成分具有良好的抗氧化和清除自由基的功能，从而有效地保护生物细胞免受自由基的攻击和氧化损伤。而细胞寿命的延长，自然会延缓生物体的衰老速度。

普洱茶具有加强机体多重抗损伤防线的作用，有助于抗衰老及预防老年性疾病（如冠心病与脑中风）；

普洱茶可抑制老年小鼠血管内皮细胞浆中氧化损伤物质的产生，保护老年动物血管内皮细胞，预防老年机体血栓的形成。

" 今日多喝茶
将来少吃药 "

第十一章

普洱茶
抗衰老氧化
应激功效

导读 /

普洱茶可显著降低衰老小鼠主要器官心、肝、脑组织中的有害物质丙二醛的含量，保护衰老机体的重要器官，降低其动脉粥样硬化、高血压、糖尿病等各种心脑血管疾病的发病率；

第十一章
普洱茶抗衰老氧化应激功效

什么是"氧化应激"

从生物学角度来看，人体的生命活动是由难以计数的酶促氧化-还原反应组成的。例如机体所需能量的产生，是在细胞当中的"发电厂"线粒体中的一系列氧化还原反应产生的。在其反应过程中，不可避免地产生大量的"中间产物"。这些"中间产物"就是所谓的"自由基"，即带有未成对电子的分子基团，反应活性极高，可攻击人体中的任何分子。因而，这种物质常被称为"有害垃圾"。在正常情况下，这些"有害垃圾"或"自由基"可被细胞中的环卫系统——"抗自由基"分子消除掉。当机体的垃圾清理系统能力不足或功能紊乱时，这些垃圾就会在人体中沉积。这些"垃圾"沉积到皮肤，人体皮肤便会出现"老年斑"；沉积到心脏，可出现心悸、心慌与气短；沉积到脑组织，就出现学习和记忆障碍，如失眠、

健忘等；沉积到肾组织，便会出现肾功能损害，如出现蛋白尿甚至血尿等。

所谓的"氧化应激"，其实就是机体在遭受各种有害刺激时，体内活性氧自由基和活性氮自由基产生过多，氧化程度超出氧化物的清除能力，使氧化系统和抗氧化系统失衡，从而导致组织损伤。即体内"有害垃圾"的产生与"垃圾清除"失衡，垃圾产生大于垃圾清理，结果导致组织的损伤。

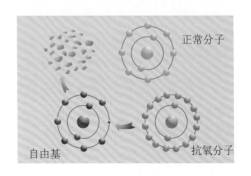

正常分子

自由基

抗氧分子

"氧化应激"与"衰老"有什么关系

其实人类认识氧化应激，最早源于对衰老的研究。1956年英国学者Harmna首次提出"衰老的自由基"学说，该学说认为自由基攻击生命大分子造成组织细胞损伤，是引起机体衰老的根本原因，也是诱发肿瘤等恶性疾病的重要起因。后来发现衰老的自由基学说并不完善，因为除了自由基的产生外，人体还有强大的抗自由基系统，不断丰富和深化对衰老的认识，提出了氧化应激的概念。

多数衰老的病理变化与"氧化应激"有关。虽然衰老的病理机制仍未研究清楚，但根据目前的研究结果，人体内大多数器官组织细胞的衰老变化的原因都与氧化应激有关。例如，血管壁的老化是动脉粥样硬化的病理基础。衰老人体血管内皮细胞的主要损害为氧化应激损伤，动脉粥样硬化是典型的老年病，主要病理损害原因为氧化应激。另外，动脉壁中层硬化是高血压的基础，高血压随年龄增加病情不断加剧。此外，氧化应激可导致老年白内障、胸腺萎缩、皮肤出现老年斑，并且也是老年精神病、感染性疾病和肿瘤发生而死亡的元凶，这些病变尤其随着自然年龄增高发生率不断增加，而且此前没有明显的临床表现，是"隐密"地、逐步地发展到一定程度才表现出来整体性的多系统的慢性衰退的病变——衰老。衰老发病率为100%，危害每一个生命的重大疾病，它的病理生理原来就是氧化应激。

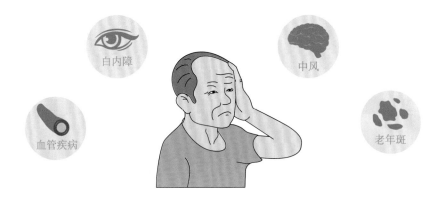

现代医学采用什么手段抗"氧化应激"

　　现代医学发现，人体其实有内源性的抗氧化应激系统。这个系统常被称为"清道夫"系统，分两大类：一类为非酶性的抗氧化防御系统，主要包括维生素E、维生素C、维生素A以及微量元素Zn^{2+}等。这些维生素通过作为抗氧化剂，参与人体的代谢反应，来消除已经产生的自由基。它们的特点是参与人体的代谢，如果在饮食不当或疾病的情况下较易出现缺乏不足的情况；另一类为酶类抗氧化防御系统，包括超氧化物歧化酶（SOD）、谷胱甘肽过氧化酶（GSH-Px）、过氧化氢酶等。

　　人体虽然有很强的抗氧化能力，但是随着年龄的增加，人体自身清除"垃圾"（自由基）的能力一天天下降，最后无力清除蓄积下来的"垃圾"。这些"垃圾"不仅仅是堆积的废物，而是具有高度反应能力的组织细胞破坏剂，其损伤组织细胞的能力堪比核辐射与X射线，结果导致老化速度呈指数级加速。因此，仅仅靠人体自身的抗氧化能力是远远不够的，需要从机体外获得额外的抗氧化物质，因为氧化应激损伤是每时每刻都在发生的，所以需要每天补充。其中，还有一个重要的原因就是部分抗氧化的物质也不是很稳定，在人体内会被迅速转化。

　　因此，现代医学中主要通过补充抗氧化的维生素达到这一目的。

普洱茶抗衰老氧化应激作用的研究

　　普洱茶中含有丰富的抗氧化物质，其抗氧化物质的分子结构多种多样。其中有机酸（如没食子酸）、咖啡酸、黄酮醇类（如槲皮素）等，这些分子它们单独研究都被证明具有很强的抗氧化特性，但作为复合体，它们如何发挥抗衰老的氧化应激作用，既往没有研究。所以，课题组开展了本研究项目，即第一次用衰老的动物，对其最重要的内脏器官，心脏、肝脏与脑组织的氧化应激状态进行分析，重点检测动物组织氧化应激损伤代谢产物的含量和抗损伤酶的活性，探讨普洱茶对衰老机体抗氧化应激方面的作用。

研究路线：

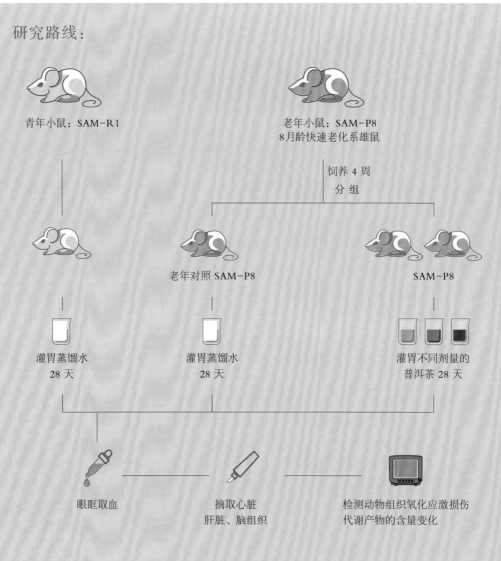

青年小鼠：SAM-R1

老年小鼠：SAM-P8
8月龄快速老化系雄鼠

饲养 4 周
分 组

老年对照 SAM-P8

SAM-P8

灌胃蒸馏水
28 天

灌胃蒸馏水
28 天

灌胃不同剂量的
普洱茶 28 天

眼眶取血

摘取心脏
肝脏、脑组织

检测动物组织氧化应激损伤
代谢产物的含量变化

综合评价普洱茶抗衰老氧化应激功效

试验研究结果：

1. 普洱茶可清除衰老小鼠心、肝、脑组织中有害"垃圾"丙二醛

　　丙二醛是自由基攻击机体内脂质成分后所产生的一类重要的小分子代谢产物。因而，丙二醛被当作生物机体氧化应激损伤的标志物，体内浓度的高低与机体遭受的各种辐射、毒素和氧化物所导致的氧化损伤直接相关。老年人由于自由基的长期产生，导致组织细胞损伤的累积，引起各主要器官的一系列损伤，这些损伤也成为导致老年性疾病的危险因素。例如，肝组织的氧化应激损伤与肝硬化、肝癌的发病有关；心肌的过氧化损伤与心肌缺血、心力衰竭等有关；脑组织的氧化应激损伤与智力减退、神经退行性疾病的发生有关。本试验结果显示，老化鼠灌胃普洱茶后，体内的丙二醛水平显著降低，说明氧化应激损伤所导致的脂质过氧化物明显减少，降低了动脉粥样硬化、高血压、糖尿病等各种心脑血管疾病发病的危险因素。其中，老化鼠心、脑和肝组织中丙二醛的水平显著高于青年鼠，但灌胃普洱茶之后，这些主要器官中丙二醛的水平显著降低，说明普洱茶具有很好的抗氧化损伤的作用，保护衰老机体的重要器官（图11-1：A，B，C）。

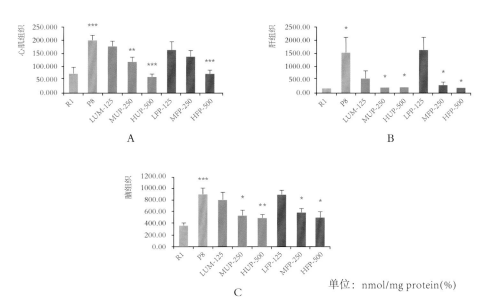

单位：nmol/mg protein(%)

图11-1　普洱茶对快速老化鼠（SAM)心、肝、脑组织氧化应激代谢产物MDA 含量的影响

　　注：P8（SAM-P8鼠）：为老化鼠；R1：青年对照鼠；普洱茶灌胃组分为低剂量普洱生茶组［LUP，125mg/（kg·bw）］、中剂量普洱生茶组［MUP，250mg/（kg·bw）］、高剂量普洱生茶组［HUP，500mg/（kg·bw）］、低剂量普洱熟茶组［LFP，125mg/（kg·bw）］、中剂量普洱熟茶组［MFP，250mg/（kg·bw）］、高剂量普洱熟茶组［HFP，500mg/（kg·bw）］。青年鼠与老化鼠相比，＊＊＊：$P < 0.001$。灌胃普洱茶组与老化鼠相比，＊-＊＊：$P < 0.05 \sim 0.01$。

2. 普洱茶可提高衰老小鼠心、肝、脑组织中内源性"清道夫"的活性

实际上，在人体、动物以及许多植物体中，都存在着内源性的抗氧化应激损伤的物质。其中，超氧化物歧化酶是一种源于生命体的内源性的抗氧化蛋白酶，作用是催化O_2使其转变为H_2O_2。超氧化物歧化酶广泛存在于细胞的线粒体、细胞浆、细胞核甚至细胞外间隙，随时准备清除各处出现的自由基。因此，超氧化物歧化酶构成了人体抗氧化损伤的第一道防线。

超氧化物歧化酶能消除生物体在新陈代谢过程中产生的有害物质。人每日接触的辐射、污染物、香烟、炎症，以及许多化学药物都能够产生自由基，需要消耗人体内源性的抗氧化应激的物质。特别在老年人群和老年病患者中，清除自由基的超氧化物歧化酶由于产生不足，消耗增多，是构成衰老与衰老有关疾患的发病危险因素之一。大量的医学生物学研究报道，超氧化物歧化酶活性随衰老而下降，并与许多疾病有关，但是人为地增加外源性的超氧化物歧化酶却没有获得想象中的有益的作用。目前证明，切实可行的手段是增加内源性的超氧化物歧化酶，或者避免其过快的耗竭。

本研究通过对衰老动物的研究发现，普洱茶能够阻止老年动物的超氧化物歧化酶活性的下降。老化鼠体内的超氧化物歧化酶与青年鼠相比显著降低，但是灌胃普洱茶后这一趋势得到了逆转，普洱茶可显著增加老化鼠主要器官心、脑、肝组织中超氧化物歧化酶的活性，从而达到保护机体免受各种有害物质的伤害（图11-2：A，B，C），这些作用可能有助于抗衰老及预防老年性疾病。但普洱茶为什么能够恢复老年动物重要器官心、肝、脑组织中的超氧化物歧化酶活性，需要进一步的研究。

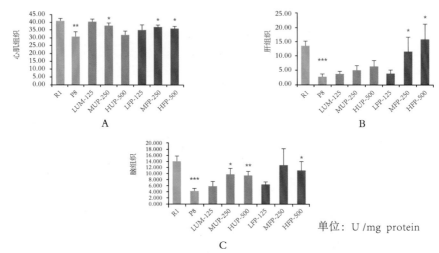

单位：U /mg protein

图11-2　普洱茶对快速老化鼠（SAM)心、肝、脑组织总超氧化物
歧化酶（SOD）活性的影响

注：P8（SAM-P8鼠）：为老化鼠；R1：青年对照鼠；普洱茶灌胃组分为低剂量普洱生茶组［LUP, 125mg/（kg·bw）］、中剂量普洱生茶组［MUP, 250mg/（kg·bw）］、高剂量普洱生茶组［HUP, 500mg/（kg·bw）］、低剂量普洱熟茶组［LFP, 125mg/（kg·bw）］、中剂量普洱熟茶组［MFP, 250mg/（kg·bw）］、高剂量普洱熟茶组［HFP, 500mg/（kg·bw）］。青年鼠与老化鼠相，＊＊＊：$P < 0.001$。灌胃普洱茶组与老化鼠相比，＊-＊＊：$P < 0.05 \sim 0.01$。

超氧化物歧化酶通常分为两种类型，一种是锰依赖型（Mn-SOD)，主要存在于线粒体；另一种是铜锌依赖型（CuZn-SOD），主要存在于细胞浆或细胞核中。研究证明，这两种酶的活性对人体的寿命产生明显的影响。例如，铜锌依赖型对于细胞和生物体的寿命具有重要的影响，生物科学家在线虫、果蝇和小鼠中都证明，这些生物的寿命与细胞内铜锌依赖型超氧化物歧化酶的活性成正比。

普洱茶可以显著增加主要器官心、肝、脑组织中铜锌依赖型超氧化物歧化酶的活性

本试验证明，普洱茶可以显著增加主要器官心、肝、脑组织中铜锌依赖型超氧化物歧化酶的活性，说明普洱茶可以保护机体免受来源于衰老机体中的活性氧自由基的损伤（图11-3：A，B，C）。这些作用有助于抗衰老及减少与活性氧自由基关系密切的老年性疾病的发生。

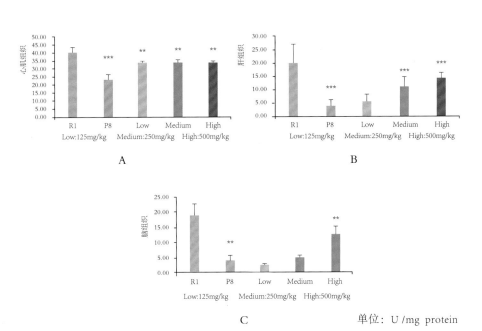

单位：U /mg protein

图11-3　普洱茶对快速老化鼠（SAM)心、肝、脑组织铜锌总超氧化物歧化酶（GuZn-SOD）活性的影响

注：P8（SAM-P8鼠）：为老化鼠；R1：青年对照鼠；其余为普洱茶治疗组。Low：为使用低剂量普洱茶的老化鼠［125mg/（kg·bw）］；Medium：使用中剂量普洱茶的老化鼠［250mg/（kg·bw）］；High：使用高剂量普洱茶的老化鼠［500mg/（kg·bw）］；采用经口灌胃，每只0.5mL/d的方式，连续灌胃28天。青年鼠与老化鼠相比，＊＊＊：$P < 0.001$。灌胃普洱茶组与老化鼠相比，＊-＊＊：$P < 0.05 \sim 0.01$。

3. 普洱茶具有加强机体多重抗损伤防线的作用

活性氧自由基伴随代谢而产生，因而，氧化应激损伤随时都会发生。为了应对时时刻刻都会产生的损伤，人类和动物在进化中发展了多重防线。除了超氧化物歧化酶以外，生物细胞中还存在谷胱甘肽过氧化物酶（GSH-Px）抗氧化损伤系统，但分工不同。活性氧自由基（ROS）经过超氧化物歧化酶的催化，转化为过氧化氢（H_2O_2），过氧化氢再经过谷胱甘肽过氧化物酶的催化转化为水和分子氧。实验研究显示，谷胱甘肽过氧化物酶活性随衰老的下降，与多器官的抗损伤能力下降有关。国际上的生物学家做了一些有趣的实验，发现单纯增加超氧化物歧化酶的活性，并不能显著对抗衰老，而同时增加谷胱甘肽过氧化物酶的活性，则可显著延长衰老动物的健康寿命。本试验证明，普洱茶可以显著增加老化鼠主要器官心、肝、脑组织中谷胱甘肽过氧化物酶的活性（图11-4：A，B，C），这些作用说明普洱茶具有加强机体多重抗损伤防线的作用。这与民间所观察到的普洱茶有益于老年人群健康的结果一致。

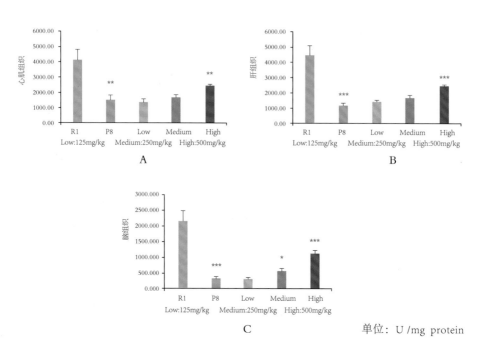

单位：U /mg protein

图11-4 普洱茶对快速老化鼠（SAM)心、肝、脑组织谷胱甘肽氧化物酶（GSH-Px）活性的影响

注：P8：为老化鼠；R1：青年对照鼠；Low：为使用低剂量普洱茶的老化鼠［125mg/（kg·bw）］；Medium：使用中剂量普洱茶的老化鼠［250mg/（kg·bw）］；High：使用高剂量普洱茶的老化鼠［500mg/（kg·bw）］。青年鼠与老化鼠相比，＊＊＊：$P < 0.001$。灌胃普洱茶组与老化鼠相比，＊—＊＊＊：$P < 0.05 \sim 0.001$。

4. 普洱茶可清除老年机体血管壁有害"垃圾"作用的实效验证

动脉粥样硬化以及血栓的形成是导致冠心病与脑中风的最主要的病理原因。老年人易患心脑血管性疾病是人所共知的事实，但是，老年人为什么容易产生动脉粥样硬化与动脉血栓？目前生物医学家主要关注的是发病后的治疗，而对预防则关注较少。老年人易发动脉粥样硬化与动脉血栓的原因虽然与多种因素有关，但都与氧化应激损伤有关。老年人血管壁有一层内衬细胞，被称为"血管内皮细胞"。正常情况下，它们保护血管壁的光滑，维持血流通畅。同时，血管壁又是血液与管壁深层组织之间的界面，管壁深层组织的异常都与血管壁内皮细胞的异常有关。如黏膜下层的有害"垃圾"积存可导致的动脉粥样硬化，血管平滑肌组织及其间隙之间的有害"垃圾"积存可导致高血压，都存在严重的血管内皮细胞的损伤。

特别是老年人的血管内皮细胞遭受有害"垃圾"——自由基的攻击，发生死亡易于脱落，在外界的诱发因素作用下，形成动脉血栓。因而，保护血管内皮细胞，有助于预防老年人的血栓形成。

众所周知，老年性疾病的预防并非易事，主要的难点在于需要一种可以长期应用的有效手段。实践证明普洱茶是一种可以长期使用的饮品，茶中所含的各种抗氧化物质可吸收入血，与血管内皮细胞密切接触，通过用微小的电流（1.0mV）刺激小鼠的动脉，可造成血管内皮细胞的损伤，血管内血栓形成，阻断血流。本研究用同样的电流刺激衰老小鼠和青年小鼠，发现老年小鼠血栓形成的时间很短，血流被很快阻断；而青年小鼠的血栓形成时间则很长。这些结果说明，老年小鼠血管内皮细胞的抗损伤能力明显低于青年小鼠。当给老年小鼠灌喂不同剂量的普洱茶1个月后，这些老年小鼠的血栓形成时间不同程度地明显延长，说明普洱茶对老年机体易于形成血栓的趋向具有不同程度的阻止作用。

既然普洱茶对老年小鼠的血栓形成具有抑制作用，本研究又探讨了普洱茶对老年小鼠血管内皮细胞的氧化应激损伤具有拮抗的作用。通过组织细胞分离消化与流式细胞技术，分别分离了青年小鼠与老年小鼠体内的内皮细胞，发现青年小鼠内皮细胞浆内自由基——ROS的产生明显少于老年小鼠。通过将普洱茶与老年小鼠的内皮细胞共同培养后，其ROS的产生减少，说明普洱茶抑制了老年小鼠血管内皮细胞浆中的氧化损伤物质的产生，保护了老年动物的血管内皮细胞，有助于预防老年人血栓的形成（图11-5）。

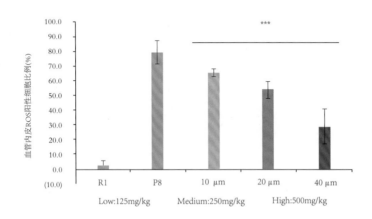

图11-5 普洱茶对衰老小鼠（SAM）血管内皮细胞"有害垃圾"
自由基—ROS产生的影响

注：P8（SAM-P8鼠）：为衰老模型鼠；R1：青年对照鼠；Low：为使用低剂量普洱茶的老化鼠[125mg/(kg·bw)]；Medium：使用中剂量普洱茶的老化鼠[250mg/(kg·bw)]；High：使用高剂量普洱茶的老化鼠[500mg/(kg·bw)]。青年鼠与老化鼠相比，＊＊＊：$P < 0.001$。灌胃普洱茶组与老化鼠相比，＊-＊＊＊：$P < 0.05 \sim 0.001$。

普洱茶抗衰老氧化应激的优势分析

通过对以上试验结果的分析发现，普洱茶对于活体老年小鼠具有显著地抗氧化应激损伤的作用，作用原理主要表现在以下几个方面：

（1）对老年小鼠灌喂普洱茶28天后，老年小鼠的重要器官心、肝与脑组织中的氧化应激损伤的标志物丙二醛含量显著下降。

（2）普洱茶提高了老年小鼠内源性的抗损伤系统的活性。老年小鼠的重要器官心、肝与脑组织中的内源性的抗氧化应激损伤的酶系统，包括总超氧化物歧化酶，以及主要存在于细胞浆或细胞核中的铜锌依赖型抗氧化物质显著下降。普洱茶能够剂量依赖性地恢复老年小鼠机体的内源性的抗氧化酶活性。

（3）老年小鼠的重要器官心、肝与脑组织中的内源性的抗氧化应激损伤的酶系统，谷胱甘肽过氧化物酶活性随衰老而降低。普洱茶可以显著增加主要器官、心、脑和肝组织中谷胱甘肽过氧化物酶的活性，这些作用说明普洱茶具有加强机体多重抗损伤防线的作用。

（4）血管内皮细胞损伤与血栓形成时最常见的，也是最严重的老年性疾病——冠心病与脑中风的主要病理变化。普洱茶保护了老年动物的血管内皮细胞，减少了老年动物形成血栓的趋向性。通过这个实例的研究，说明普洱茶提取物不仅可以对抗伴随衰老而产生的组织损伤，也可对抗因衰老而产生的老年性疾病，至少在活体动物身体中显示，具有较好的预防作用。

衰老是产生老年性疾病的最大的危险因素。抗衰老虽然不能直接控制老年病，但是可以降低老年人群发生老年病的可能性。预防老年病并非易事，事实上，现代医学以及中国传统医学系统中不乏具有抗衰老的制剂。然而，没有一种制剂能够被国际上的各类人群，包括老年人群广泛持久地应用。普洱茶是一种能够为广大老年人群接受，并能持久饮用的天然饮品。本研究用活体老年动物，证明了普洱茶抗衰老氧化应激的作用，并以最常见的老年心脑血管疾病作为实例，探讨普洱茶通过抗衰老而预防老年病的可能性，为开发普洱茶的新用途提供实证性的依据。本项工作仅是一个开头，需要深入的研究，使其真正能够成为世界老年人群喜爱的健康饮品。

衰老是产生老年性疾病的最大危险因素。抗衰老虽然不能直接控制老年病，但是可以降低老年人群发生老年病的可能性。

本研究主要完成单位：北京大学医学部
云南农业大学

据清朝宫廷档案记录，乾隆每天必喝的3种饮品是人参汤、燕窝汤和普洱茶，并以普洱茶做奶茶，化普洱茶膏来喝，以祛诸疾病。普洱茶具有很好保健功能。康熙、乾隆二帝便因常饮普洱而长寿。

—— 引自黄雁《龙团春秋》

—— 引自《普洱茶连环画》

独风茶

【来源】明·秦景明《症因脉治》 清·秦皇士（补辑）
【组成】独活5克 防风3克 苍术3克 细辛0.5克 川芎2克
　　　　花茶5克
【功效】可祛寒胜混，强筋止痛
【主治】用于治疗寒湿阻滞，腰痛
【用法用量】用前五味药的煎煮液350毫升泡花茶后
　　　　　　饮用，冲饮至味淡

Q：患胃病为什么不宜过量饮茶？

　　饮茶具有消食除积，除烦去腻等作用。通常胃内的磷酸二酯酶可抑制胃内的胃酸分泌，但绿茶中的茶碱对此酶有抑制作用，使胃酸分泌增多，刺激胃壁的创面或溃疡面，引起疼痛。并影响溃疡的愈合，因此胃病病人不宜过量饮浓茶。如患有胃溃疡或十二指肠溃疡者，应注意在症状活动期少饮茶或不饮茶，待病情稳定后再饮茶。

"

普洱茶的魅力元素：

独特的加工环境： 世界茶的发源地

独特的加工工艺： 非物质文化遗产

独特的产品属性： 长时间存放特点

独特的保健属性： 亚健康的必需品

"

第十二章

普洱茶
抑制胆固醇的吸收
与合成功效

导读 /

普洱茶既可抑制胆固醇的吸收，又可抑制胆固醇的合成，两种途径同时作用，双管齐下，被实践证明是一种确实有效、安全可靠、简单易行，并可长期饮用的预防高胆固醇血症的健康饮品。

第十二章

普洱茶抑制胆固醇的吸收与合成功效

什么是胆固醇

一提到胆固醇，大家都认为这是一种对人体有害的物质。其实，胆固醇对人体具有重要的生理功能，对生命来说是不可缺少的物质。胆固醇是人体许多物质的合成原料，如人体合成的激素，包括皮质激素、性激素与醛固酮等，几乎全是以胆固醇作为原料合成的。可以说，胆固醇是调节机体结构功能与代谢核心物质的核心原料，没有胆固醇就没有人体正常的生命过程。

在人体内，胆固醇主要有两种存在形式，一种被称为"好胆固醇"，另一种被称为"坏胆固醇"。"好胆固醇"指的是HDL-C，即高密度脂蛋白胆固醇。"坏胆固醇"指的是LDL-C，即低密度脂蛋白胆固醇。当HDL-C增多时，动脉粥样硬化、动脉血色形成、心肌梗死以及脑中风的发病率就降低。当LDL-C增高时，上述疾病的发生率就会增高。降低LDL-C，上述疾患的发生就会减少。"坏脂肪"——LDL-C主要由胆固醇组成，是机体不需要的、剩余的胆固醇，作为"血液垃圾"，正常情况下，会很快排除到体外。

正因为胆固醇如此重要，所以人类与动物体内存在充足的保障系统，来保证有足够的胆固醇供人体使用，它的来源远远大于它的排除系统。一条途径是胆固醇的吸收途径，通过摄取吸收食物中的胆固醇保障供给；另一条途径是机体内部合成胆固醇的途径，即肝细胞内部有一整套合成酶体系合成胆固醇。还有一条是"肝肠循环"，即使被排泄到肠道的胆固醇还可以再被机体吸收，到达肝脏，这被称为"肝肠循环"。一般来说，影响血液胆固醇含量的主要来源为：食物、肝脏合成以及肝肠循环。

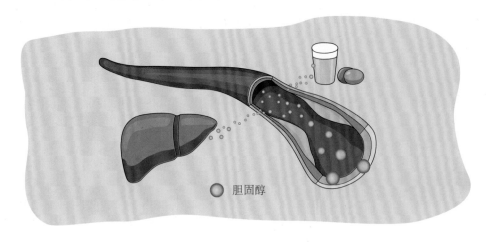

胆固醇

胆固醇过多对人体有什么危害

当LDL-C在血液内过度积聚时，LDL-C被挤而靠近血管壁，有些则被血管内皮细胞"吃掉"（吞噬），并排泄到血管内皮以下的部位。久而久之，血管内皮以下的区域变成了血管的"垃圾场"。开始，局部的"垃圾清理工"（医学上称其为巨噬细胞）还可以把这些"垃圾"（LDL-C）吃掉并消化掉。然而当"垃圾太多"，吃完后消化不了，这些细胞就变成了一个个储存"垃圾的仓库"（医学上称其为泡沫细胞）。于是，使血管局部变得像"米粥"样的结构，这就是典型的"动脉粥样硬化"的形成过程。同时血管硬化、脆弱、无弹性，血流经过时极易形成涡流，最后把血管内皮冲破，导致血栓的形成，阻塞了血管，这就是"心肌梗死"与"脑中风"的典型形成过程。

尽管有很多因素参与这些过程，但胆固醇在体内过度积聚被目前主流医学看作是导致动脉粥样硬化、高血压、心肌梗死与脑中风的最开始的元凶。

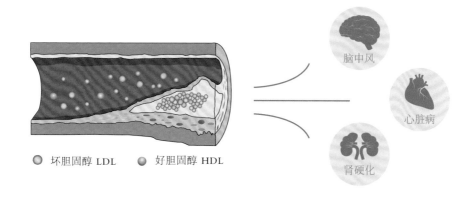

● 坏胆固醇 LDL　　● 好胆固醇 HDL

脑中风　　心脏病　　肾硬化

现代医学是如何干预人体胆固醇代谢的

既然胆固醇在体内积聚是导致人类最主要的致残致死性疾病的"始作俑者"，现代医学以"减少胆固醇的来源"为其主要任务，预防或延缓上述疾病的发生。例如他汀类药物，包括辛伐他汀、洛伐他汀等，就是通过抑制肝细胞合成胆固醇，降低血浆胆固醇；依折麦布（Ezetimibe）则通过抑制胆固醇经肠道的吸收，从而降低血浆胆固醇。这两种药物经多年的应用，被证明能够降低血脂，并能够减少心脑血管并发症的发生。遗憾的是，最近发现这些药物单独应用时，实际效果并不理想，原因是当抑制了胆固醇的合成时，胆固醇经肠道的吸收增多；而当抑制胆固醇的吸收时，肝脏合成胆固醇的能力又代偿增加，这些都抵消了药物的作用。当两种药物组合应用时，效果确实增强了，但这两种药物都有一定的毒副作用，都可对肝脏或肌肉造成损害。对于不少患者来说，用药剂量低，疗效不理想；而剂量高了或合起来用，又出现更严重的危害。

虽说有这样和那样的不足，可患者还得用，因为患者没有其他的选择。所以，能够找出确实安全有效的降低血浆胆固醇或"坏脂肪"的药物或保健品，是世界各国的老百姓，特别是老年朋友梦寐以求的事情。

普洱茶对胆固醇吸收影响的研究

　　一般人认为普洱茶只是一种"茶"，它能够降低血浆的胆固醇吗？国际上的药物公司巨头，花了很多钱，用了很多年的时间研发的药物都不能完全解决这一难题，难道普洱茶就能管用吗？为了得到相关答案，本研究就应用普洱茶，对受试动物胆固醇的吸收与合成的影响进行了研究。

研究路线：

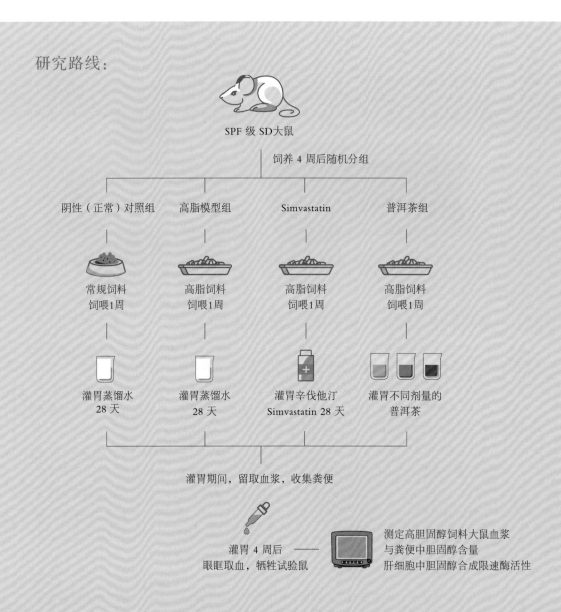

SPF 级 SD大鼠

饲养 4 周后随机分组

阴性（正常）对照组	高脂模型组	Simvastatin	普洱茶组
常规饲料饲喂1周	高脂饲料饲喂1周	高脂饲料饲喂1周	高脂饲料饲喂1周
灌胃蒸馏水28 天	灌胃蒸馏水28 天	灌胃辛伐他汀Simvastatin 28 天	灌胃不同剂量的普洱茶

灌胃期间，留取血浆，收集粪便

灌胃 4 周后 —— 眼眶取血，牺牲试验鼠

测定高胆固醇饲料大鼠血浆与粪便中胆固醇含量
肝细胞中胆固醇合成限速酶活性

综合评价普洱茶抑制胆固醇的吸收与合成功效

试验研究结果：

1.普洱茶能够抑制肠道对胆固醇的吸收同时升高粪便中胆固醇的含量

食物中的胆固醇经肠黏膜吸收入血，肝肠循环中的胆固醇也需要通过肠黏膜吸收入血。通常动物来源的食品，如肉类、鸡蛋黄等，大多含有大量的胆固醇。如果没有消化功能的紊乱、没有肠黏膜细胞的大范围损伤，食品中的胆固醇大多被吸收入血。目前未发现人体有限制胆固醇吸收明显的机制存在。然而，长期食用肥甘厚腻的食品，体内（血、肝脏或脂肪组织）胆固醇积聚几乎是不可避免的现象，所以寻找抑制胆固醇吸收的制剂具有重要的保健意义。

本试验给大鼠饲喂高脂饲料，一周内即造成大鼠的高脂血症和高胆固醇血症。然后给高脂血症的大鼠灌胃不同剂量的普洱熟茶和普洱生茶水浸提物。同时使用临床最常用降脂药辛伐他汀（Simvastatin）作为对照，干预两周后，结果显示：普洱生茶与熟茶都可显著降低高脂试验大鼠血浆胆固醇水平，与此同时粪便中胆固醇含量大幅提高。需要解释的是，粪便中胆固醇变化较大，其原因是粪便的收集较困难，不如血液的收集那样准确定量（图12-1）。

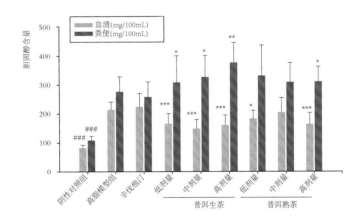

图12-1　普洱茶对高胆固醇饲养大鼠血浆和粪便中胆固醇含量的影响

注：试验设置阴性（正常）饲料对照组（basal diet）、高脂模型组（Hyperlipidemic diet）、辛伐他汀药物组（Simvastatin）和不同普洱茶灌胃（Hyperlipidemic diet组大鼠灌胃普洱茶），其中普洱茶灌胃组又分为低剂量普洱生茶组[Unfermented low dose，125mg/（kg·bw）]、中剂量普洱生茶组[Unfermented medium dose，250 mg/（kg·bw）]、高剂量普洱生茶组[Unfermented high dose，500 mg/（kg·bw）]、低剂量普洱熟茶组[Fermented low dose，125 mg/（kg·bw）]、中剂量普洱熟茶组[Fermented medium dose，250 mg/（kg·bw）]、高剂量普洱熟茶组[Fermented high dose，500 mg/（kg·bw）]。采用经口灌胃，每只0.5mL/d的方式，连续灌胃28天。采集血液和粪便测定胆固醇含量。正常组与高脂模型组比较，###：$P < 0.001$。普洱茶灌喂组与高脂模型组比较，*～**：$P < 0.05-0.01$；***：$P < 0.001$。

普洱茶对胆固醇合成影响的研究

除了从食物中消化吸收胆固醇外，人体还可以合成胆固醇。当食物中缺乏胆固醇时，机体就加快自身的合成，来代偿外源供给的不足。肝脏是胆固醇的主要合成工厂，肝细胞具有完备的合成酶体系。胆固醇的合成是由多个步骤完成的，像一个工厂的生产流水线，多数合成步骤都可快速完成。但其中有一个步骤，速度很慢，成为整个流水线的瓶颈或限速步骤，催化这一个步骤的酶被称为 β-羟-β-甲基戊二酰辅酶A还原酶（HMG-CoA Reductase）。如果抑制了这个酶的活性，那么整个胆固醇合成的量就会大大下降。现代医学中，他汀类药物的作用靶点就是这个酶，抑制了这个酶就能降低血浆胆固醇。因此，本研究主要观察普洱茶是否能够抑制这个酶而降低血浆胆固醇。

试验研究结果：

1. 普洱茶能够显著抑制 HepG2 细胞内胆固醇的合成活性

结果显示，胆固醇合成抑制剂辛伐他汀（Simvastatin），可显著抑制肝细胞系（HepG2）合成胆固醇的活性。同样，普洱茶也具有显著地抑制胆固醇合成的活性（图12-2）。

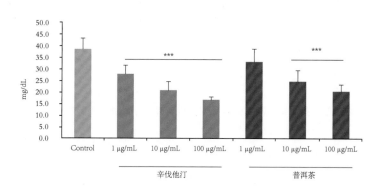

图12-2　普洱茶提取物及Simvastatin对肝细胞（HepG2）中胆固醇合成
限速酶HMG-CoA活性的影响

注：普洱茶灌胃组与对照组相比，＊＊＊：P<0.001。

本研究将肝细胞（HepG2）按照1.0×10^5 cells/mL的密度接种于96孔板中，体外培养24小时后，将细胞分为空白（正常）对照组、（底、中、高剂量）的辛伐他汀（Simvastatin）药物对照组、（低、中、高剂量）普洱茶组。作用24小时后，裂解细胞，并用胆固醇测定试剂盒测定细胞上清裂解液中的胆固醇含量。结果发现，三个剂量的辛伐他汀药物（Simvastatin）均能够显著抑制HepG2细胞内胆固醇的合成活性，而普洱茶的中高剂量组也能够显著抑制HepG2细胞内胆固醇的合成活性，提示普洱茶可抑制机体内部胆固醇的合成。

2. 普洱茶能够抑制肝细胞中胆固醇合成酶的表达或产生而发挥降低血浆胆固醇作用

　　以上两个研究证明了普洱茶能够抑制肝细胞合成胆固醇的能力。他汀类药物能够催化胆固醇合成酶β–羟–β–甲基戊二酰辅酶A 还原酶（HMG-CoA Reductase）的活性。普洱茶几乎不含有他汀类化合物或类似物，如果不是抑制了这个酶的活性，是否抑制了胆固醇合成酶的表达。本研究又考察了肝细胞中胆固醇合成酶，β–羟–β–甲基戊二酰辅酶A还原酶（HMG-CoA Reductase）的表达，通过酶联免疫分析(ELISA)结果表明，辛伐他汀（Simvastatin）虽然抑制了胆固醇的合成，但并不抑制HMG-CoA Reductase酶蛋白的表达；而普洱茶能够显著抑制HMG-CoA Reductase酶蛋白的表达，说明普洱茶和辛伐他汀虽然都能抑制胆固醇的合成，但可能它们二者的作用原理并不相同。辛伐他汀主要是通过抑制HMG-CoA Reductase酶的活性，而普洱茶则可能是通过抑制HMG-CoA Reductase酶的表达或产生而发挥作用。（图12-3）。

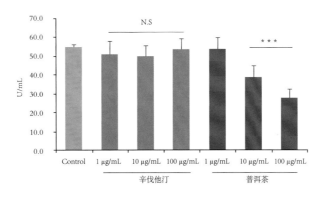

图12-3　普洱茶与Simvastatin对肝细胞（HepG2）中胆固醇合成限速酶HMG-CoA还原酶表达的影响

　　注：各试验组与对照组相比，＊＊＊：$P < 0.001$，N.S.：$P > 0.05$。

普洱茶应用于干预胆固醇吸收与合成的优势分析

现代医学研究证明，导致肥胖症、高血压、动脉粥样硬化以及冠心病的主要危险因素是高脂血症。临床上，通过降低血脂，特别是降低血浆中的低密度脂蛋白胆固醇（LDL-C）的含量能够减少动脉粥样硬化的程度，减少冠心病的发病率。即降低血浆中的低密度脂蛋白胆固醇（LDL-C）是预防动脉粥样硬化、高血压以及冠心病的有效方法之一。

目前，在临床医疗实践中，主要采用抑制肝脏合成胆固醇的方法。肝脏合成胆固醇的主要催化酶为β-羟-β-甲基戊二酰辅酶A 还原酶（HMG-CoA Reductase），抑制HMG-CoA还原酶的药物为"他汀"（statin）类药物，其中包括辛伐他汀、洛伐他汀、普伐他汀，等等。

然而，近年来临床观察发现，不少患者使用他汀类药物后，并没有显示出明显的临床疗效。据报道，有52%患者在用药的开始阶段效果不明显。其中，86%患者在用药6个月后仍然不能达到治疗目标，特别是许多患者用药后出现肝脏与骨骼肌组织损伤的毒副作用。这些结果提示，需要寻找更加有效，安全的药物或手段来控制低密度脂蛋白胆固醇（LDL-C）的水平。

另外一种降低血浆低密度脂蛋白胆固醇（LDL-C）水平的策略是抑制小肠黏膜对胆固醇的吸收。近年来，国际上出现了一种新的药物，即Ezetimibe，它能够抑制肠黏膜对胆固醇的吸收，特别是Ezetimibe与他汀类药物合用，不仅能够增强他汀类药物的疗效，达到降低低密度脂蛋白胆固醇（LDL-C）与预防和减少冠心病发作的目的，还能降低他汀类药物的使用剂量，从而降低其毒副作用。

本研究结果提示，普洱茶可抑制肠黏膜胆固醇的吸收与抑制肝脏胆固醇的合成，两种途径同时作用，双管齐下，被实践证明是一种确实有效，安全可靠的调节手段。

本课题组前期通过动物试验证明，普洱茶能够降低血浆"坏胆固醇"LDL-C的水平。但是，普洱茶是通过何种途径、何种作用原理达到降低血浆LDL-C含量的作用，是通过抑制了胆固醇的吸收，还是抑制了肝脏胆固醇的合成？迄今为止，没有发现相关的研究报道。

而本研究证明普洱茶既有抑制胆固醇吸收的作用，又有抑制胆固醇合成的作用。不仅从科学实验的角度证明了民间所观察到的现象，也为普洱茶的合理使用提供了科学的佐证，为许许多多患高胆固醇血症的患者或想要防止胆固醇增高的人群提供了一种新的辅助手段。这种方法可能并没有他汀类药物和Ezetimibe合用的效果强，但是它可以在日常生活中方便地完成。假如，有一些患者不能耐受他汀类化合物的毒副作用，是否可以用普洱茶进行辅助治疗，显然，值得深入研究。

本研究表明，普洱茶既有抑制胆固醇吸收的作用，又有抑制胆固醇合成的作用。假如，有一些患者不能耐受他汀类化合物的毒副作用，是否可以用普洱茶进行辅助治疗，值得深入研究。

本研究主要完成单位：北京大学医学部
云南农业大学

茶事典故

慈禧每年用40个大普洱茶(每个5斤)，在慈禧太后的寝宫长春宫如今还陈列着慈禧用过的普洱茶。这位精于养生之道的"老佛爷"，生活中几乎没有离开过普洱茶。每天早晨起来时，要用普洱茶漱口，并天天饮用。到晚年，她还用普洱茶洗澡以润肤止痒。

—— 引自黄雁《龙团春秋》

—— 引自《普洱茶连环画》

秘方茶调散

茶疗茶方

【来源】明·孙一奎《赤水玄珠》
【组成】片芩二两(酒拌炒二次，不可令焦) 小川芎一两
　　　　细芽茶三钱 白芷五钱 薄荷三钱 荆芥穗四钱
【主治】治风热上攻、头目昏睡，及头风热痛不可忍
【用法用量】上为细末，每服二三钱，用茶清调下

Q: 睡眠不足的人为什么不宜过量饮茶？

茶叶中含有多种能兴奋神经的成分，如咖啡碱等。过量饮茶，特别是浓茶，会使饮茶者中枢神经系统及全身兴奋，使心跳加速、血液加快、使人久久不能入睡。因此，患有神经衰弱或睡眠不好的人，不宜过量饮茶，特别是浓茶。

Q: 能否用茶水服药？

服用某些药物时最好不用茶水，因为如硫酸亚铁等铁制剂或氢氧化铝，会与茶中物质结合成不溶性物质而难以吸收；服用酶制剂时也不宜饮茶，茶中的多酚类可与酸结合，降低酶的活性。某些生物碱制剂，以及阿托品、阿司匹林等药物，也不宜用茶水送服。在服用镇静、催眠类药物时，更不可用茶水服药。如果用茶水送服上述药物，会影响药物的疗效。通常服这些药后2小时内不宜饮茶。

茶——友谊的桥梁
灵感的源泉
寂寞的伴侣
健康的保障

第十三章

普洱茶对机体游离钙代谢及骨密度的影响

导读 /

普洱茶不会加速试验动物体内钙离子的代谢,不影响其血清钙和骨钙的含量;对机体骨钙代谢中重要指标骨密度无影响。因此,长期饮用普洱茶不会造成机体骨密度的减少,引起骨质疏松。

第十三章

普洱茶对机体游离钙代谢
及骨密度的影响

喝普洱茶会导致"骨质疏松"吗

近年来，随着普洱茶具有降血脂、降血糖、抗肿瘤、抗氧化、抗疲劳、抗动脉粥样硬化、防辐射、保护非酒精性脂肪肝等多种功效的不断揭示，喜爱普洱茶的人也越来越多，普洱茶的销量及市场占用率也不断扩大；与此同时，社会上也出现一种担忧，即普通民众担心喝普洱茶后会引起钙流失，进而出现骨质疏松症。事实是否如此？作为科技工作者，为了解开大众的疑惑，有必要开展相关研究，以科学的数据，说明事实的本质。据此，设置了本研究内容，旨在为消费者放心饮用普洱茶提供参考依据。

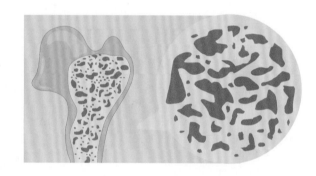

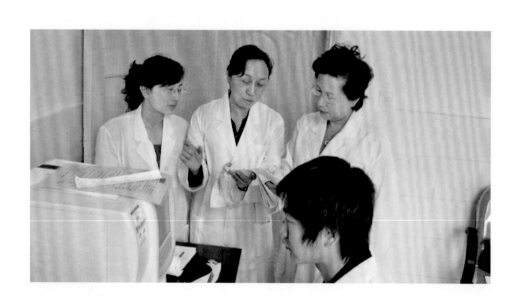

普洱茶对机体游离钙代谢及骨密度影响的研究

研究路线:

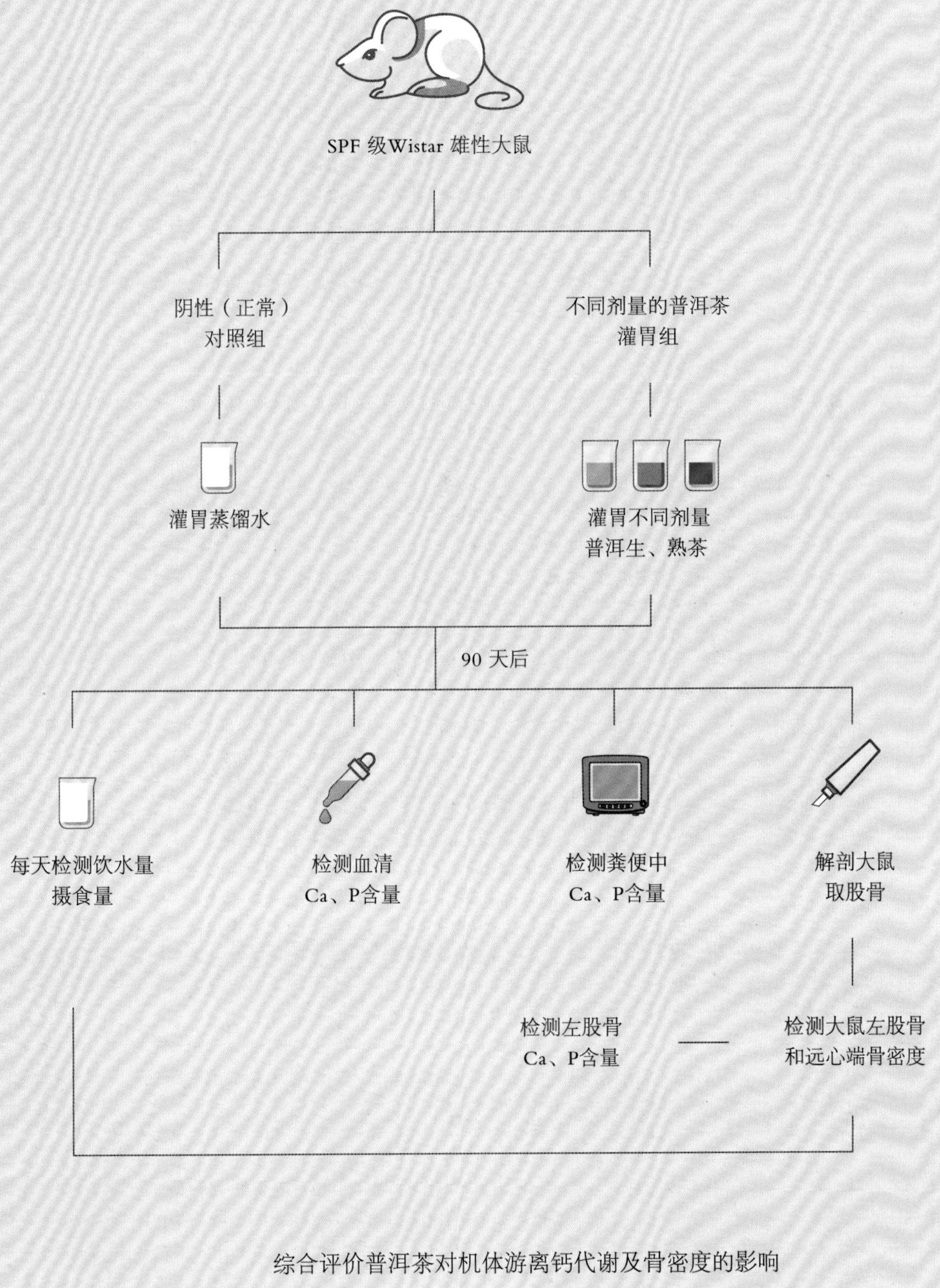

SPF 级Wistar 雄性大鼠

阴性（正常）
对照组

不同剂量的普洱茶
灌胃组

灌胃蒸馏水

灌胃不同剂量
普洱生、熟茶

90 天后

每天检测饮水量
摄食量

检测血清
Ca、P含量

检测粪便中
Ca、P含量

解剖大鼠
取股骨

检测左股骨
Ca、P含量

检测大鼠左股骨
和远心端骨密度

综合评价普洱茶对机体游离钙代谢及骨密度的影响

试验研究结果：

1. 普洱茶不影响试验大鼠从食物中所获取的钙离子量

在本试验的整个过程中，制备试验样品用水、大鼠饲养饮水均为云南某公司制造的纯净水。灌胃时，对照组灌胃同体积纯净水（与受试物的灌胃量比较），保证所有实验大鼠从饮用水和受试物溶剂中摄入的钙和磷含量一致，尽可能排除试验差异。

试验过程中，阴性对照组和试验组均饲喂相同的基础饲料，由大鼠自由饮水和摄食。对大鼠日摄食量的计算和分析得出，各试验组与阴性对照组（不灌胃茶组）相比日摄食量无显著差异，说明普洱茶对试验大鼠的日摄食、饮水无影响（图13-1），摄入的钙磷含量处于同一水平；此外，有研究显示，大鼠饲料钙磷比为1~2∶1时生长期试验大鼠增重及骨骼发育较好，本试验所采用的饲料钙磷比为1.18∶1，接近该比值，能够保证试验动物正常生长发育。

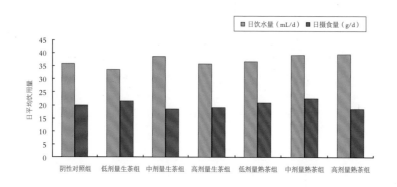

图13-1 普洱茶对试验大鼠日饮水量和日摄食量的影响

2. 普洱茶不影响长期饮茶大鼠钙离子的吸收率

在稳定状态下测定大鼠摄入的钙磷量及粪便中排除的钙磷量，两者的差值即为钙磷的表观吸收率。本试验发现，各试验大鼠组钙和磷的表观吸收率与阴性对照组相比无显著差异，说明灌胃普洱生茶和熟茶对试验大鼠钙、磷的表观吸收率没有影响，这与钙磷的摄入量呈一致关系（图13-2）。

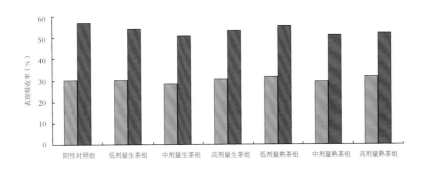

图13-2 普洱茶对试验大鼠钙磷表观吸收率的影响

3. 普洱茶不会降低长期饮茶大鼠血清中钙离子含量

本试验大鼠灌胃普洱茶90天后，对其血清中的钙离子和磷离子的含量进行了检测，发现灌胃不同剂量的普洱生茶和熟茶组与阴性对照组相比，试验大鼠血清钙和血清磷的含量均无显著降低。此外，低剂量生茶组实验大鼠血清磷含量反而显著高于正常对照组（图13-3）。说明普洱生茶和熟茶不会降低试验大鼠血清中钙离子和磷离子的含量，相反，数值上还有一定的升高。

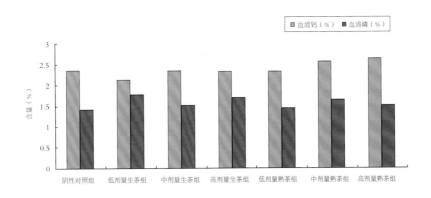

图13-3 普洱茶对试验大鼠日血清钙和血清磷含量的影响

4. 普洱茶不会促进试验大鼠体内钙离子从粪便中排出

在试验大鼠灌胃普洱茶的最后4天，收集了每组试验大鼠的所有粪便，采用PS-4型电感耦合等离子原子发射光谱仪测定了其中钙离子和磷离子的含量，通过方差分析发现，各试验组大鼠粪钙含量均显著低于正常对照组；除高剂量生茶组和熟茶组粪磷含量显著低于对照组外，其他试验组与对照组相比无明显差异（图13-4），但大部分试验组大鼠组粪磷含量较阴性对照组低，说明灌胃普洱生茶和熟茶不仅不会促进试验大鼠体内钙磷离子从粪便中排出。相反，随剂量的升高粪便中钙磷离子的含量越低，提示普洱生茶和熟茶有促进大鼠吸收钙磷离子的可能性。

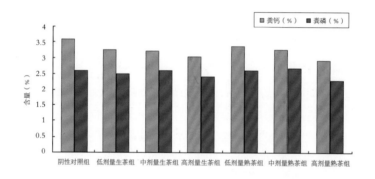

图13-4 普洱茶对试验大鼠粪钙和粪磷含量的影响

5. 普洱茶不会降低长期饮茶大鼠股骨中钙离子的含量

钙、磷及维生素等微量元素是影响骨骼生长发育的重要因素，直接影响到骨重。试验大鼠采用不同剂量的茶汤灌胃90天后，采用PS-4型电感耦合等离子原子发射光谱仪测定了其股骨中钙离子和磷离子的含量，均未出现骨钙和骨磷含量降低的情况（图13-5），表明饮用普洱生茶和熟茶，不影响试验大鼠骨骼中钙离子和磷离子的含量。相反，高剂量生茶和低、中剂量的熟茶组试验大鼠骨钙含量还显著增加。此外，各茶组试验大鼠骨磷含量也显著增加。因此，在本试验条件下，普洱生茶和普洱熟茶均不会降低试验大鼠骨钙和骨磷的含量。

6. 普洱茶不会降低长期饮茶大鼠股骨的骨密度

骨密度是骨钙代谢中量化骨量的重要指标，也是评价骨量最有说服力的指标之一。本试验大鼠灌胃普洱茶茶汤90天后，采用美国GE公司生产的PRODTGY ADVANCE双能X线骨密度仪，对试验大鼠左股骨中点骨密度和远心端骨密度进行了测定，结果显示各试验组大鼠股骨中点密度和远心端密度与阴性对照组相比均无显著性差异（图13-6），说明试验用普洱生茶和熟茶对试验大鼠的骨密度均无影响。

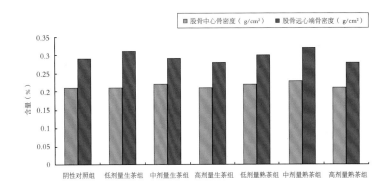

图13-6　普洱茶对试验大鼠骨密度的影响

综上所述，普洱生茶和熟茶不会促进试验大鼠体内钙磷离子从粪便中排出，对钙磷表观吸收率没有影响，钙磷的摄入量与排出量呈一致关系；此外，普洱生茶和熟茶不影响试验大鼠血清钙磷和左骨股钙磷的含量，也不对骨密度造成负面作用。

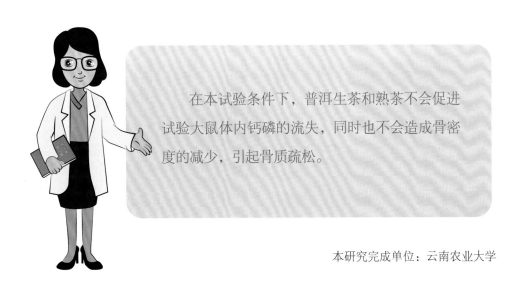

在本试验条件下，普洱生茶和熟茶不会促进试验大鼠体内钙磷的流失，同时也不会造成骨密度的减少，引起骨质疏松。

本研究完成单位：云南农业大学

能荣幸得到御赐普洱茶的，仅限于那些朝廷大员和皇上的近臣，1966年的一天晚上，曾为清朝末代皇帝的爱新觉罗·溥仪在作家老舍家中说："清宫饮茶习惯夏喝龙井，冬喝普洱，普洱茶是皇室成员的宠物，拥有普洱茶是皇室成员尊贵的象征。"

—— 引自黄雁《龙团春秋》

—— 引自《普洱茶连环画》

八仙茶

【来源】明·韩懋《韩式医通》

【组成】（粳米、黄粟米、黄豆、赤小豆、绿豆）各750克（炒香熟）　细茶500克　净芝麻375克　净花椒75克　净小苗香150克　泃干荠30克　炒品30克

【功能】有益精悦颜、保元固肾作用，适用于中年人防衰老

【用法用量】将以上11味共制细末，炒黄，瓷罐收贮。一日3次，每次6~9克,沸水冲泡服

Q: 饮茶为什么可以强骨?

茶叶中氟的含量是所有植物体中最高的。氟对预防龋齿和防治老年骨质疏松有明显效果。但应注意，氟过多时对人体有毒害作用，特别是较为粗老的茶含氟量较高，可能导致氟元素摄入过度，从而引起氟中毒症状，如氟斑牙、氟骨症等，因此饮茶要适量。

Q: 饮茶为什么能防蛀牙?

茶叶中的氟和钙的亲和力很强，能形成氟磷灰石，加强了保护牙齿的功能，氟有较强的抗酸能力，能防止由于食物残渣在口腔内发酵而产生的酸性物质对牙齿的腐蚀性。此外茶多酚类对致龋菌具有抑制作用，因此用茶漱口或饮茶，可增强牙釉质的坚固性、抑制致龋菌、调节口腔中的各种酶类，防止龋齿，即"蛀牙"的作用，同时还可预防牙周炎和口腔癌。

附录一

香茗相随，岁月静好
——记与茶结缘的时光

　　说起来，自己也算是一个"老茶人"了，回想从学茶、教茶、研茶、饮茶这些年来，学校、老师、同事、朋友所给予我的关怀和帮助，想起与茶叶结下的"一叶情"，心中就充满了感激、感动与感恩……

　　1977年，一大批我们这样"上山下乡"的"知识青年"，在恢复高考政策的惠及下，终于可以有机会疲惫不堪地甩掉裤脚上的泥巴，忐忑不安地从乡间迈入了久违的考场，开始了命运中一次重要的拼搏，并渴望着重新品尝那阔别已久的接受教育的喜悦。

　　星移斗转，如今回想起来，正是缘于41年前的那场高考，我有幸迈进了云南农业大学的大门，成为我国恢复高考制度后的第一批大学生，就读于园艺系的茶学专业，社会也给我们一个约定俗成的称呼——77级。1982年，我从茶学专业毕业后，有幸留校成为云南农业大学茶学专业教育工作者中的一员，从而也继续了我与一片叶子再也无法割舍的缘分。

从走上教学岗位近40年的时间里，我不会忘记，正是有了"一片叶子"的支撑与相伴，无论在哪里，都显得岁月静好。尤其在云南农业大学这方良土沃水中，自己像一个稚嫩茶芽，不断舒展枝叶，不断丰富完善。从茶学专业本科毕业后，又在职读了研究生，作为访问学者到英国的SURREY大学研修一年，是一代代茶学老师的情怀，将我从一个才疏学浅的毕业生打造成专业学科带头人。

从教以来，我始终坚持站在三尺讲台上，爱岗敬业，教书育人。其中承担过"茶叶生物化学""茶叶审评与检验""茶文化学""茶叶加工学""高级茶叶生物化学"及"茶叶品质鉴评"等茶学专业本科生和硕士研究生基础课、专业课及全校公共选修课程的教学工作。

在搞好教学工作的同时，积极开展科学研究，依托专业优势和自身的科研能力，曾担任国家"十一五"及"十二五"现代茶叶产业体系岗位专家，并主持国家科技支撑课题，农业部，云南省政府、省科技厅、省农业厅、省林业厅、省教育厅等科研项目12项，研究涉及茶（普洱茶）的发展历史、种质资源、加工工艺、生化成分、品质特性、保健功效及安全性评价研究等诸多领域，并获得了一些突破性的研究成果：如首次利用RAPD技术对云南千家寨2700年古茶树及邦崴古茶树进行研究，从DNA分子水平方面为云南作为茶树的起源中心提供了有利证据；早在1994年留学英国期间，就利用HPLC等现代技术对不同年代的普洱茶进行了系统的研究，该研究成果已公布于国际权威杂志"Journal of Science of Food and Agriculture"，并被SCI以及美国"生物学文摘"收录。近年来，领导了由云南农业大学、北京大学医学部及昆明医科大学组成的研究团队，开展了普洱茶功能成分与保健功效的研究，其中系统地进行了普洱茶降血脂、降血糖、抗疲劳、抗衰老、防辐射、耐缺氧、调节免疫力及对机体减肥等方面的研究，成效显著，经文献检索，许多内容属国际上首次报道。关于普洱茶保健功效的研究结果也发表于美国"Experimental Gerontology"及"Food Chemistry"等刊物，对让世界了解普洱茶，让普洱茶走向世界起到了积极作用。

通过研究，发表了数十篇科技论文，主编《普洱茶功能成分与保健功效研究》《普洱茶文化学》《普洱茶保健功效科学读本》等专著，获得国家授权发明专利3项。

此外，长期以来，从不同方面对云南茶叶产业的发展给予积极支持，其中负责建设的99′昆明世博会专题园"茶文化展厅"，在近两年的建园过程中，从布展的风格、展示的内容、展品的收集、展具的选配及解说词的撰写等，都倾注了大量心血，正是凭着高度的责任感、独特的专业优势及奉献精神，"茶文化展厅"被装点得古朴凝重、内涵丰富，达到了预定目标。由于"茶园"的建设获得成功，学校因此而荣获云南省政府"贡献奖"及农业部"先进集体奖"。在长达半年的世博会期间，经常早出晚归，在日常管护、解说接待、与各方协调及宣传云南农业大学等方面发挥了作用。

在为产业服务的过程中，经常到茶区举办茶叶知识培训班，指导茶叶企业解决生产中的技术难题及创新工艺。积极参加函授生、茶艺师、评茶员及茶区专业技术人员的培训，培养了一大批茶学专业毕业生及地方专业人才。如今，他们学茶、爱茶，成为云南茶产业发展中的一支生力军，对促进茶产业的发展做出了重要贡献。

在担任云南省第十届政协委员期间，心系产业，并依托专业优势，提交了"关于依托孔子学院宣传云南茶文化的建议""倡导茶为国饮，从小学生抓起的建议"及"关于促进茶产业发展的建议"等提案，上述举措对云南茶产业的健康发展发挥了积极作用。

作为云南农业大学龙润普洱茶学院、云南普洱茶研究院的原院长，在两院的创建过程中，倾注了大量的精力与心血；主持的国家特色专业建设项目为构建专业普洱茶研究平台及研发人才团队发挥了积极作用。

　　毫无疑问，正是站在了云南农业大学这个平台上，我也获得了更多的优势，得到了社会的认可，被评为二级教授。在学校的关心支持下，在许多老师的帮助下，在有茶相伴的岁月中，自己也收获了一些荣誉，其中包括：

　　享受云南省人民政府特殊津贴专家；云南省高等学校教学名师，云南省教育厅颁授成立"邵宛芳名师工作室"；2016年云南省自然科学三等奖；第四届中国茶叶学会科学技术一等奖；"全国优秀茶叶科技工作者"称号；2009年云南省教学成果一等奖（排名2）；联合国计划开发署"2007年度UNDP项目优秀科技特派员"奖；云南省"三·八"红旗手称号；农业部99'昆明世博会建设"先进个人"……

　　由于在所属专业取得的成效显著，多次应邀赴美国、韩国、日本、印度、斯里兰卡、俄罗斯、阿联酋及泰国等国进行讲座及学术交流。

　　目前，我又受聘于滇西应用技术大学普洱茶学院担任"名誉院长"，继续为茶产业发展所需专业人才的培养发挥余热。我热爱教师这项工作，作为教师，我始终坚持"教书者必先强己，育人者必先律己"的思想，奉行陶行知先生当年所倡导的"捧着一颗心来，不带半根草去"的崇高精神，淡泊明志，甘为人梯，严谨笃学，捧着对事业的忠心，怀着对学生的爱心，坚持对工作的尽心，充满对未来的信心，钟情茶业教育事业，满怀感恩，无怨无悔！

2018年9月29日

附录二

皇家贡品——"金瓜贡茶"评审记

邵宛芳

本文后以"清宫贡茶品饮记"发表于《普洱》（2007）第三期

今天下午（2007年3月18日），应北京茶叶总公司彭广义经理邀请，全国政协委员、国家茶叶质量监督检验中心主任骆少君、云南省茶叶协会副秘书长、高级评茶师张勤民和我来到位于北京马连道的北京茶叶总公司的三楼"茶叶审评室"，将对该公司收藏的故宫"金瓜贡茶"进行品质鉴定。

关于故宫"金瓜贡茶"，可以说是久闻其名，但在之前，所有的信息仅来源书本。尽管如此，过去给学生讲课时，每当讲到"金瓜贡茶"时，我仍然会与以十分熟悉及肯定的口吻说："该贡茶至今仍然保留在故宫，并且质地不变，说明当时的做工之精湛。"可如果学生问到其内质如何呢？我却哑然。当然，对此大家都能理解，毕竟那是国宝，谁也不可能奢望会有这种口福。然而，这看似不可能的事竟然在"天时、地利、人和"的情况下发生了。

"天时"：时值故宫博物院里一块有着150多年的历史的普洱茶贡品——"金瓜贡茶"将在云南省普洱市（原云南省思茅市）人民政府、故宫博物院等组织下，依次跨越北京、河北、广东、云南等九个省市，历时20天，行程近万里，最后到达普洱茶的故乡普洱市"省亲"。

　　"地利"：故宫的百年贡茶"省亲"歇脚地是位于马连道的"北京茶叶总公司"，而该公司正巧也有一团类似的贡茶。关于该"贡茶"，据公司原副经理李文喜介绍说，1964年，17岁的他来到总公司，当时的公司所在地是一号仓库。一天，由故宫运来了一三轮卡车各种形状的紧压茶，卸了一大堆，准备碾碎再添加其他物质后，加工而成约5毫米大小的颗粒状"固形茶"，这种"固形茶"有的还带花茶香味。当时由于物资匮乏，市场紧缺，这种做法是允许的，但这种茶也就做了2～3年。在卸茶的过程中，公司当时的技术员付明环就随手拿了几个到茶叶审评室。据杨静仪（付明环的徒弟）说："当时还有一个'枕头茶'（后遗失了），有2个'金瓜贡茶'，20世纪80年代给了杭州一个，当时是一个瘦高个子的人拿走的。"当时我们就笑了，因为杨师傅的个子并不高，故高个子的标准也就无法认定。剩下的这个茶在北京公司一待就是半个多世纪，期间经历了太多的风雨，包括北京茶叶总公司回购6年前出售给联合利华的"京华"茶叶品牌，而内质的默默变化则一直是个谜。

　　"人和"：如果当时没有一批茶叶前辈的呵护，如果没有骆院长的建议，如果没有彭经理的邀请，这一切的一切显然是不可能的，这难道不是"人和"吗？真是缘分，茶缘，人缘。

　　这次审评的茶样共计4个，除了"金瓜贡茶"外，还有一饼和"金瓜贡茶"一起保留的饼茶，我们把它定为"老普洱茶"；一片商业部保留的"千两茶"和一块云南1993年生产的"普洱方砖"。这4个茶的审评结果会怎样呢？我们期待着……

　　审评开始了，我们首先从一个圆形的盒子中轻轻捧出"金瓜"，小心翼翼地掀开包裹着的白色的塑料薄膜，再撕去紧贴着的铝薄纸，当"庐山真面目"显出时，在场的所有人都不约而同地"哇"了一声，只见整个"金瓜"形状匀整，表面光滑，色泽红褐，满披芽毫，尽显当年皇家贡品精雕细做的风范。经称量重为2418克（该样2004年被审评了一次），正是历史中记载的5斤重团茶。值得一提的是，"金瓜"的正中部位有一个小标签，上有"廿七年复查第11号"的字样，根据所采用的繁体字推知，这是民国二十七年所做的标记，历史上这正是抗日战争爆发时期，故宫此时为了疏散转移藏品，确实经历了大规模的藏品登记包装及转移工作，在众多的茶叶贡品中，号数能编到第11的，应该是一个扮演着重要角色的贡茶藏品。只是不知其在故宫这座深宫大院中享受了多少荣华富贵，但不管怎样，它都可以说是普洱茶家族中的"名门望族"，饱经风霜，幸免于难。

在其他3个茶样中，"老普洱茶饼"外形不太规整，茶条粗壮，压制显松，重为208克，显示着那个年代手工压制茶的特点，但红褐的色泽却代表了该茶也经历了岁月的洗礼。因为当时所进贡的团茶，基本上是以云南特有的"晒青绿茶"为原料压制而成。至于那片"千两茶"，仅是约2厘米厚的一块，质地非常坚硬。据骆院长说，曾经有一柱"千两茶"在运输途中不幸掉到河里，三年后打捞上来发现品质居然没有太大的变化，看来每一个茶样的背后都会蕴藏着无数个故事。只是故事的多少与长短可从不同的方面来体现，如1993年的"普洱方砖"就显得涉世不深，比较单纯，使得自己不仅形状端正，色泽仍然褐黄。

茶样的外形审评完后，大家都急于想知道茶叶的内质究竟如何呢？由于样品的珍贵，取样就不能照老规矩进行。只见公司的评茶师沈红拿着取样刀，极其小心地把老祖宗留给我们的一芽一叶从各样的表面上取到"天平"中称量，哪怕是一粒茶粉也舍不得随意抛弃。

在20多年茶叶审评生涯中，我参加过了无数次的茶叶审评活动，其中不乏评定重要的"茶王"得主，或是科研产品的质量认定。但相比而言，没有这次会让我感觉那样期待，等待出茶汤的过程是那样漫长。说实话，对于接下来将发生的一切我心里一点底都没有，我真怕它不是我想象的那样。因此，当茶叶冲泡的时间一到，所有的人马上围到了一起，所有的目光都集中到了那一字排开的4碗茶汤。啊！那是一组亮丽的茶汤风景线，1号杯——"金瓜贡茶"，汤色红艳明亮，仿佛披着高贵的丝绒；2号杯——"老普洱茶"，红而不艳，仿佛一个深邃的老者；与前2个普洱茶相比，3号杯中的"千两茶"则显现得比较稳重，色泽红明；而4号杯中"普洱方砖"，由于只是家族中的"小字辈"，故仍然透着青春的橙黄。从汤色的变化，其实我们也能判断出岁月的痕迹。因为一般而言，在茶叶的存放过程中，内含的茶多酚类等物质会发生徐徐渐进的氧化，氧化的产物多为一些不同色泽的色素，这就使得原来茶叶的汤色会由绿黄转为黄、橙黄、橙红乃至红色。汤色的变化如此，那么香气会如何呢？接下来就是对香气的评定。

附录二　皇家贡品——金瓜贡茶评审记

195

关于普洱茶的香气，一般比较统一的认为是陈香。经过一一比较，大家一致认为，"金瓜贡茶"透着一种与众不同的陈韵，也许是经历了太多的沧桑磨砺，使你无法辨清它究竟属于哪类陈香，即不是樟香，也不是枣香，而是一种沁人心脾、与众不同的岁月之香，故视为"陈韵"。而"老普洱茶"就是比较明显的陈香。"千两茶"由于产地及加工方式与普洱茶差异较大，故茶叶的风味也有所差异，但给人的感觉仍然比较愉悦。相比而言，1993年生产的"普洱方砖"尽管已问世10余年，可能是保管的环境条件较干燥等原因，在香气中仍然能嗅出淡淡的云南晒青茶特有的纯正风味，并没有像它的前辈那样发生了质的变化。

嗅完香气后，其实对滋味的特征大家心里已经有底了，因为通常香气与滋味是两位一体的，即有什么样的香气就有什么样的滋味，事实也证明各茶样的滋味与其香气具有同样的表现。

当然，最后审评的项目是叶底（经冲泡后的茶渣），这也是判定品质优劣的一个重要指标，因为从叶底的特征即可以看出所采用的原料，又可以推知加工的状况及存储后对品质的影响。令大家感到放心的是4个茶样的叶底都没有出现"碳化"或"腐败"的现象。"金瓜贡茶"的叶底嫩匀柔软，红褐匀亮，说明当时加工的原料细嫩，确实是贡品中的极品，保存条件也佳，使得该茶样仍然保持有变化的潜力。而"老普洱饼茶"尽管色泽红褐，但条索就显得粗壮并带梗，估计只是普通贡品。而"千两茶"由于质地较硬，还有未摊展开的团块，红褐的色泽可说明年代的久远。至于"普洱方砖"则是褐黄柔软，说明了它的风格还没有太大的变化，这一特点也和香气、滋味的表现相吻合。

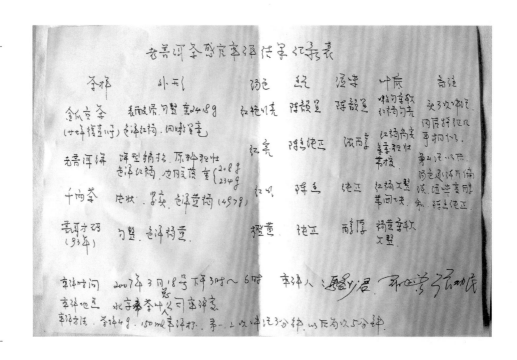

还有一个令大家感到新奇的是，各个茶样采用同样的方法连续冲泡三次，每次的品质特征几乎没有太大的变化，直到第四、五泡后，汤色才逐渐变淡，滋味变醇和，但陈香仍然纯正。连续冲泡三次汤色仍然不变，说明茶叶中的水浸出物丰富，滋味自然就醇厚。看来只要是茶叶品质优秀，存贮条件适宜，普洱茶适宜长期储藏，尤其是普洱生茶。但具体可存放多长时间，受储存环境的温度、湿度、氧气及光照等因素的影响，不能一概而论。

　　在整个评茶过程中，所有在场的人都激动不已，有的感慨经过那么长时间的存放，"金瓜贡茶"还有这种风味，有的说这是第一次喝普洱茶，觉得还真好喝，就连学电子专业的小刘在喝了几个茶样后，也不停地说："真没想到陈年普洱茶有这么好喝，希望下次再喝！"可彭总一听这话，马上表示，这次评后马上封存，下次？你们就等着吧，也许是10年、20年，也许……

　　是啊，如果真的有缘，再与它们（尤其是"皇家贡品"）相遇时，会变成什么样呢？汤色是否仍然保持着丰富的色彩，香气是否仍然弥漫着历史的气息？滋味是否又增加了历史的厚重？尽管这种变化无法预知，但有一点是肯定的，那就是它将不断地改变自己，而普洱茶能带给人的乐趣也许就是它变化的过程及结果，也正是这种无法预知的变化，令人遐想，让人期待，变化出普洱茶大家族的繁荣昌盛。

　　是夜，仍不能入睡，那远远近近的普洱茶，一直在脑海里闪亮，映照着中华民族的繁荣昌盛，昭示着国家社会的和谐稳定。

　　普洱茶，
　　愿您成为每个城市中的一道亮丽的风景线，
　　香飘天下，香飘永远……

2007年3月19日凌晨于北京

附录三

本书主要缩略词一览表

英文缩写	英文全称	中文名称
TC	Total Cholesterol	血清总胆固醇
TG	Triglyceride	甘油三酯
LDL-C	Low density lipoprotein- cholesterol	低密度脂蛋白胆固醇
HDL-C	High density lipoprotein- cholesterol	高密度脂蛋白胆固醇
LDL	High density lipoprotein	低密度脂蛋白
HDL	Low density lipoprotein	高密度脂蛋白
VDL	Very low density lipoprotein	极低密度脂蛋白
AS	Atherosclerosis	动脉粥样硬化
HE	Hematoxylin-Eosin staining	苏木精-伊红染色
ApoE	apolipoprotein E	载脂蛋白E
SPF	Specificpathogen Free	无特定病原体
AI	Arteriosclerosis Index	动脉硬化指数
hs-CRP	Hig sensitivity C-Reactive protein	高灵敏C-反应蛋白
FFAs	Free fatty acids	自由脂肪酸
MCP-1	Chemoattractant protein-1	化学趋化蛋白 I
TNF-α	Tumour necrosis factor-α	肿瘤坏死因子
DNA	Deoxyribonucleic acid	脱氧核糖核酸
RNA	Ribonucleic acid	核糖核酸
mRNA	Messenger ribonucleic acid	信使核糖核酸
LUP	Low dose of Unfermented Pu-erh tea	低剂量普洱生茶组
MUP	Medium dose of Unfermented Pu-erh tea	中剂量普洱生茶组
HUP	High dose of Unfermented Pu-erh tea	高剂量普洱生茶组
LFP	Low dose of Fermented Pu-erh tea	低剂量普洱熟茶组
MFP	Medium dose of Fermented Pu-erh tea	中剂量普洱熟茶组
HFP	High dose of Fermented Pu-erh tea	高剂量普洱熟茶组
NEFA	non-Esterified fatty acids	非酯化脂肪酸
BMI	Body Mass Index	体重指数
WHO	World Health Organization	世界卫生组织
FLD	Fatty liver disease	脂肪性肝病

英文缩写	英文全称	中文名称
NAFLD	non-Alcoholic fatty liver disease	非酒精性脂肪性肝病
ALD	Alcoholic liver disease	酒精性肝病
SOD	Superoxide dismutase	超氧化物歧化酶
GSH-Px	Glutathione peroxidase	谷胱甘肽过氧化物酶
ROS	Reactive oxygen species	活性氧
INS	Insulin	胰岛素
NADH	Nicotinamide adenine dinucleotide	还原型烟酰胺腺嘌呤二核苷酸
Mon#	Monocytes	单核细胞
Gran#	Neutrophilicgranulocyte	中性粒细胞
WBC	White Blood Cell	白细胞
RBC	Red Blood Cell	红细胞
HGB	Hemoglobin	血红蛋白
VC	Vitamin C	抗坏血酸
VE	Vitamin E	生育酚
LPO	Lipid peroxide	脂质过氧化产物
MDA	Malondialdehyde	丙二醛
LP	Lipoproteins	脂蛋白
CAT	Catalase	过氧化氢酶
LA	DL-Lactic acid	乳酸
HIBD	Hypoxia-ischemia brain damage	缺血缺氧性脑损伤
AA	Arachidonic acid	花生四烯酸
ATP	Adenosine Triphosphate	三磷酸腺苷
ALT	Alanine Transaminase	谷丙转氨酶
AST	Aspartate Transaminase	谷草转氨酶
BLA	Blood Lactic Acid	血乳酸
BUN	Blood urea nitrogen	血尿素氮
LDH	Lactate dehydrogenase	乳酸脱氢酶
LG	Liver glycogen	肝糖原
MG	Muscle glycogen	肌糖原
CBA	Cytometric Bead Array	流式细胞微球捕获芯片技术
CTL	Cytotoxic T lymphocytes	细胞毒性T细胞
NK	Natural killer	自然杀伤细胞
OS	Oxidative Stress	氧化应激
ROS	Reactive oxygen species	体内活性氧自由基
RNS	Reactive nitrogen species	活性氮自由基
IL-6	Hydroxy-methyl-glutaryl coenzyme A	白细胞介素-6
HMG-CoA	Hydroxy-methyl-glutaryl coenzyme A	羟甲基戊二酰辅酶A

参考文献

[1] 邵宛芳,沈柏华.云南普洱茶发展简史及其特性.中国普洱茶文化研究[M].昆明:云南科技出版社,1994.

[2] Yan Hou,Wanfang Shao,Rong Xiao,et al.. Pu-erh tea aqueous extracts lower atherosclerotic risk factors in a rat hyperlipidemia model[J]. Experimental Gerontology, 2009,13(4):434-439.

[3] 邵宛芳,周红杰.普洱茶文化学[M].昆明:云南人民出版社,2015.12.

[4] 邵宛芳,肖蓉,侯艳.普洱茶成分及功效探究[M].昆明:云南科技出版社,2012.3.

[5] 邵宛芳.普洱茶保健功效科学读本[M].昆明:云南科技出版社,2014.6.

[6] Zhang Dong-ying,Shao Wan-fang, Liu Zhong-hua, et al.. Chemical Constituents of Pu-erh Tea and Its Inhibition Effect on α-amylase in vitro[J]. Agricultural Science & Technology, 2010,11(1):130-132.

[7] Xungang Gu,Zhengzhu Zhang,Xiaochun Wan,et al.. Simultaneous distillation extraction of some volatile flavor components from Pu-erh tea samples-comparison with steam distillation-liquid/liquid extraction,and Soxhlet extraction[J]. International Journal of Analytical Chemistry, 2009,doi:10.1155/2009 /276713.

[8] Qing Liu,Ying-Jun Zhang,Chong-Ren Yang,et al.. Phenolic antioxidants of green tea produced from Camellia crassicolumna var. multiplex[J]. J. Agric. & Food Chem,2009,57 (2):586-590.

[9] Da-Fang Gao,Min Xu,Chong-Ren Yang,et al.. Phenolic Antioxidants from the Leaves of Camellia pachyandra Hu.[J]. J. Agric. &.Food Chem,2010, 58 (15):8820-8824.

[10] LiangZhang,Wan-fangShao,Li-fengYuan et al..Decreasing pro-inflammatory cytokine and reversing the immunosenescence with extracts of Pu-erh tea in senescence accelerated mouse (SAM)[J].Food Chemistry,2012,135: 2222-2228.

[11] Liang Zhang,Zhi-Zhong Ma,Yan-Yun Che,et al..Protective effect of a new amide compound from Pu-erh tea on human micro-vascular endothelial cell against cytotoxicity induced by hydrogen peroxide[J].Fitotera pia,2011,82:267-271.

[12] 保健食品检验与评价技术规范[S].卫生部.2003.

[13] 陈宗懋,甄永苏.茶叶的保健功能[M].北京:科技出版社,2014.9.

[14] 杨亚军.评茶员培训教材[M].北京:金盾出版社,2015.9.

[15] 屠幼英.茶与健康[M].西安:世界图书出版西安有限公司,2011.9.

[16] 朱海燕.中国茶道[M].北京:高等教育出版社,2015.10.

[17] 李勇.营养与食品卫生学[M].北京:北京大学医学出版社,2005.9.

[18] 李淑媛.常见病的饮食营养调理[M].北京:北京大学医学出版社,2008.

[19] (美)坎贝尔(Campbell,T.C.),(美)坎贝尔Ⅱ(Campbell,T.M.);张宇晖译.中国健康调查报告[M].长春:吉林文史出版社,2006,9.

[20] 中国营养学会编著.中国居民膳食指南(2016)[M].北京：人民卫生出版社，2016.

[21] 张冬英,邵宛芳,刘仲华,等.普洱茶功能成分单体降糖降脂作用研究[J].茶叶科学,2009,29(1):41-46.

[22] 张冬英,邵宛芳,刘仲华,等.普洱茶化学成分及对α-淀粉酶抑制作用的研究[J].西南农业学报,2009,22(1):52-54.

[23] 江新凤,邵宛芳,侯艳.普洱茶预防高脂血症及抗氧化作用的研究[J].云南农业大学学报,2009,24(5):705-711.

[24] 侯艳,肖蓉,徐昆龙,等.普洱茶对非酒精性脂肪肝保护作用的研究[J].中国公共卫生,2009,25(12):1445-1447.

[25] 侯艳,肖蓉,徐昆龙,等.普洱茶对实验大鼠血清中血脂水平和脂质过氧化的影响[J].中国食品学报,2009,9(2):80-86.

[26] 侯艳,邵宛芳,肖蓉,等.普洱茶对Wistar大鼠骨密度的影响[J].茶叶科学,2010,30(4):317-321.

[27] 赵宝权,邵宛芳,侯艳,等.六堡茶、黑茶茶粉和普洱（熟茶）茶粉对Wistar大鼠调节血脂及抗氧化功能的比较研究[J].云南农业大学学报,2013,28(2):236-241.

[28] 刘家奇,邵宛芳,侯艳,等.普洱茶（熟茶）茶粉、黑茶茶粉、六堡茶对非酒精性脂肪肝辅助保护作用的研究[J].中华中医药学刊,2013,31(6):1236-1239.

[29] 刘家奇,邵宛芳,侯艳,等.3种茶叶对非酒精性脂肪肝细胞中IGF-1基因表达的影响研[J].食品与药品,2013,15(3):156-159.

[30] 刘家奇,邵宛芳,侯艳,等.普洱茶（熟茶）茶粉、黑茶茶粉、六堡茶对非酒精性脂肪肝大鼠干细胞CYP2E1表达的影响[J].胃肠病学,2013,18(7):411-415.

[31] 刘家奇,邵宛芳,侯艳,等.普洱茶（熟茶）、铁观音、红茶对非酒精性脂肪肝辅保护作用的研究[J].云南农业大学学报,2013,28(4):500-506.

[32] 刘家奇,邵宛芳,侯艳,等.普洱茶（熟茶）、铁观音、红茶减肥作用的研究[J].云南农业大学学报,2013,28(6):839-844.

[33] 王蕊,肖蓉,侯艳,等.普洱茶对酒精性脂肪肝大鼠抗氧化应激作用的研究[J].食品工业科技,2013, 293(21):352-356.

[34] 刘家奇,邵宛芳,侯艳,等.RT-PCR 法检测非酒精性脂肪肝细胞中 P450 2E1 基因的表达与普洱茶、铁观音、红茶的关系[J].中国农学通报,2013,29(30):210-214.

[35] 刘家奇,邵宛芳,侯艳,等.普洱茶（熟茶）茶粉、黑茶茶粉、六堡减肥作用的研究[J].中华中医药杂志,2014,29(1):108-112.

[36] 王蕊,肖蓉,侯艳,等.普洱茶对酒精性脂肪肝的预防作用研究[J].中国农学通报,2014,30(12):308-311.

[37] 刘家奇,邵宛芳,侯艳,等.普洱茶（熟茶）茶粉、黑茶茶粉、六堡茶对大鼠非酒精性脂肪干细胞中IGF-I基因表达的影响[J].西南农业学报,2014,27(5):2179-2182.

[38] 王蕊,肖蓉,侯艳,等.普洱茶（熟茶）对酒精性脂肪肝大鼠血液学指标的影响[J].云南农业大学学报（自然科学）,2014,29(6):861−866.

[39] 赵宝权,邵宛芳,侯艳,等.六堡茶、黑茶茶粉和普洱（熟茶）茶粉对Wistar大鼠调节血脂及抗氧化功能的比较研究[J].云南农业大学学报,2013,28(2):236−241.

[40] 秦廷发,邵宛芳,侯艳,等.普洱茶对Wistar大鼠骨代谢化指标的影响[J].西南农业学报,2015,28(3):1273−1277.

[41] 王蕊,肖蓉,侯艳,等.普洱茶对酒精性肝损伤组织病理动态变化的影响[J].云南农业大学学报（自然科学）,2015,30(3):4085−412.

[42] 屈用函,邵宛芳,侯艳.普洱茶功效的研究进展及展望[J].思茅师范高等专科学校学报,2010,26(1):10−13.

[43] 张慧,肖蓉,侯艳,等.普洱茶对小鼠耐缺氧作用的研究[J].茶叶科学 2012,32(5):465−470.

[44] 王蕊,侯艳,肖蓉,等.普洱茶对酒精性脂肪肝大鼠脂质过氧化的影响[J].云南农业大学学报,2013,28(6):845−850.

[45] 张冬英,黄业伟,汪晓娟,等.普洱熟茶抗疲劳作用研究[J].茶叶科学, 2010,30(3):218−222.

[46] 赵丽萍,邵宛芳.普洱茶对高脂血症大鼠的降脂和预防脂肪肝作用[J].西南农业学报,2010,23(2):579−583.

[47] 程春华,杨继红.apoE基因与人类老年疾病的关系及apoE基因在人类老年疾病中的应用[J].中国老年病学,2010,30(8):1151−1153.

[48] 罗漪,杨继红.高脂血症实验性动物模型的研究进展[J].中外健康文摘（中点）临床医师,2008,5(5):15−17.

[49] 徐湘婷,王鹏,罗绍忠,等.普洱茶预防SD大鼠高脂血症及抗氧化、保护血管内皮的研究[J].云南农业大学学报,2011,26(2):260−264.

[50] 徐湘婷,王鹏,罗绍忠,等.普洱茶调节SD大鼠血脂及保护血管内皮的研究[J].茶叶科学,2010,30(6):470−474.

[51] 徐湘婷,王鹏,罗绍忠,等.普洱茶调节SD大鼠血脂及抗氧化、保护肝脏的研究[J].中华中医药学刊,2010,28(11):2275−2278.

[52] 黄业伟,邵宛芳,冷丽影,等.普洱茶生茶抗疲劳作用研究[J]. 西南农学学报,2010,23 (3):801−804.

[53] 杨兰兰,侯艳,肖蓉,等.普洱茶对试验大鼠钙磷代谢的影响[J].食品科学,2011,32(3):219−222.

[54] 黄业伟,张冬英,邵宛芳,等.红茶抗疲劳功效研究[J].食品科学,2011,32(1):218−220.

[55] 江新凤,邵宛芳,刘彩霞.普洱茶调节高脂血症大鼠血脂水平的研究[J].蚕桑茶叶通讯,2013,2:29−32.

[56] 江新凤,邵宛芳.普洱茶对高脂血症大鼠血脂、血浆中血栓B2、6-酮前列腺素F1α水平影响[J].食品科学,2011,32(17):317-320.

[57] 侯艳,肖蓉,邵宛芳,等.普洱茶对高脂实验大鼠肝脏病理的影响[J].茶叶科学,2010,30(增刊1):573-578.

[58] 江新凤,邵宛芳,等.普洱茶对apoE基因敲除小鼠血脂的影响[J].安徽农业科学,2013(1):12-13.

[59] 郭韦韦,徐湘婷,罗绍忠,等.普洱茶预防SD大鼠肥胖功效评价与研究[J].中华中医药学,2011,29(9):1994-1996.

[60] 郭涛,韩明华.心血管前沿[M].昆明:云南科技出版社,2003.5.

[61] 陈灏珠.实用内科学(第14版)[M].北京:人民卫生出版社,2013.

[62] 吴文华.普洱茶调节血脂功能评价及其生化机理的研究[D].西南农业大学,2003.

[63] 凌关庭.抗氧化食品与健康[M].北京:化学工业出版社,2004(4):56-59.

[64] 吕海鹏.普洱茶的化学成分及其抗氧化活性研究[D].中国优秀博硕士学位论文全文数据库(硕士),2005,(07).

[65] 丁仁凤,何普明,揭国良.茶多糖和茶多酚的降血糖作用研究[J].茶叶科学,2005,25(3):219-224.

[66] 孟旭英,高春记,张怡望,等.电磁辐射对小鼠免疫功能的抑制作用[J].军医进修学院学报,2009,30(2):215-217.

[67] 谢春生,谢知音.普洱茶中降血脂的有效成分他汀类化合物的新发现[J].河北医学,2006(12):1326-1327.

[68] 对辐射危害有保护功能检验方法[S].卫生部保健食品检验与评价技术规范,2003.

[69] 付强,刘源,安星兰,等.饲料钙磷含量和钙磷比对生长期大鼠体重增长与骨骼发育的影响[J].中国比较医学杂志,2007,17(10):603-606.

[70] 高林峰,吴凡,郭常义.认识辐射危害,加强科学防护[J].环境与职业医学,2011,28(4):187-188.

[71] 张冬英,黄业伟,汪晓娟,等.普洱茶熟茶抗疲劳作用研究[J].茶叶科学,2010,30(3):218-222.

[72] 张冬英,邵宛芳,蒋智林,等.普洱茶分离组分的降糖降脂活性作用研究[J].云南农业大学学报,自然科学版,2010,25(6):831-834.

后记

"民以食为天，食以饮为先，饮以茶为上。"中国是茶的故乡，自古以来就有以茶为药、以茶为食、以茶为饮的历史，历史上也有诸多饮茶使人健康长寿的记载，饮茶可益健康已是不争的事实。

现代医学及科学研究也从大量的数据表明了茶的保健功效，其中云南特有的普洱茶所具有的保健功效也十分独特。笔者及其团队成员经过十余年的探究，验证了普洱茶在降血脂、降血糖、防治脂肪肝、抗氧化、抗辐射、增强机体免疫力、抑制胆固醇的吸收与合成等方面的独特功效，上述研究成果的揭示，为我国目前发病率急剧上升的慢性代谢性疾病的预防找到了安全、可靠、简单、易行的方法，为人们通过饮茶这种简便的方式，达到预防多种疾病的目的提供了理论支撑。

今天，在消费者日益理性的大健康时代，新形势下卫生与健康工作的新方针之一就是预防为主，即在健康教育中提倡"防未病""治未病"理念，使群众形成健康的生活习惯，增强其自我保健能力和疾病的预防能力。俗话说："三分医，七分养，十分防。"由此可见养生对于健康的重要性。在大多数人的意识里，老年人才需要养生，其实并不是如此，养生是一条非常漫长的路，越早走上养生的路，我们就会得到更多的益处，而养生最简单的方法之一就是坚持每天饮茶。

为了使更多的读者能够认知普洱茶独特的保健功效，通过饮茶达到对多种疾病预防的目的，特撰写了《数据解码普洱茶功效》一书。本书从研究、整理、筹划、配图到成书历经数次修改完善，最终在所有团队成员的共同努力下终于定稿了。算是完成了一份责任，希望以此不仅可以带动普洱茶消费及促进产业的发展，更主要的是为人民健康生活发挥作用，这就是写作此书的目的。当然，关于本书是否可以让读者满意？仍是诚惶诚恐，不敢多言。

总之，研究和推广普洱茶，任重而道远，但只要坚持不懈的努力，普洱茶一定能再创造历史的辉煌，对于这一点，我坚信不疑。

是为跋。

邵宛芳
2018年10月9日于昆明

我志愿成为中华茶人

倡导茶为国饮，奉行廉美和敬

孜孜不倦，为更多人活到茶寿而努力！